KB272544

코스모스 읽는 법

코스모스 읽는 법

코스모스 읽는 법

박초월 지음

끝까지 읽도록 돕는
과학책 번역가의 친절한 가이드

박초월 지음

『코스모스』를 시작하는 이유

> 책에 담긴 정보는 프로그램되어 있지 않고 끊임없이 변한다. 다양한 사건을 겪으며 수정되고, 세상에 맞도록 적응한다.
>
> ─ 칼 세이건, 홍승수 옮김, 『코스모스』●

"그런데 과학책은 어떻게 읽어야 할까요?"

2024년 1월, 독서 팟캐스트에 출연한 적이 있습니다. 정해진 책을 읽고 만나 진행자와 담화를 나누는, 『두둠칫 스테이션』이라는 유쾌한 이름의 팟캐스트였지요. 본격적으로 녹음을 시작하기 전에 진행자가 몇 가지 질문을 던졌습니다. 그중 하나가 바로 과학책을 어떻게 읽어야 하느냐는 질문이었습니다. 진행자는 이렇게 덧붙였습니다. 과학책을 읽고 싶은 마음은 굴뚝같은데 어떻게 읽어야 할지 모르겠다고, 어떻게 읽으면 좋을지 알려 준 사람이 그동안 없었다고요.

● 2006년 사이언스북스에서 출간된 특별판 560쪽의 번역문을 일부 수정하였습니다.

돌이켜 보면 저는 과학을 연구한 경험은 없지만 늘 과학 곁을 맴돌았습니다. 물리학과 과학사를 공부하면서, 과학책을 편집하면서, 또 번역하면서. 그래서 책장도 항상 과학과 관련된 책으로 빼곡했지요. 익숙해서 그랬을까요? 한 번도 진지하게 고민해 본 적이 없었던 것 같습니다. '그렇네, 과학책을 어떻게 읽어야 하지?' 그 후로 이 물음은 오랫동안 머릿속 한편을 맴돌았습니다.

답의 가닥이 잡히기 시작한 건 과학책 독서 모임의 진행을 맡으면서였습니다. 구성원들의 추천을 받아 함께 읽은 책이 무엇인지는 여러분도 짐작하실 겁니다. 과학 분야 도서 베스트셀러에 올라 내려올 기미를 보이지 않는 책. 그럼에도 벽돌 같은 두께에서 풍기는 위용과 단 몇 쪽 만에 폭포처럼 쏟아지는 아리송한 용어 탓에 쉽사리 손댈 수 없는 책. 이유는 제각각이겠으나 어쩌면 여러분의 책장에도 꽂혀 있을지 모를 책. 칼 세이건의 『코스모스』였습니다.

처음에는 어려운 개념과 용어만 설명하면 충분하리라 생각했습니다. 조금 더 나아가면, 1980년에 출간된 책이다 보니 업데이트할 필요가 있다는 점까지는 짐작하고 있었지요. 하지만 모임을 진행하면서 『코스모스』 읽기에는 생각보다 깊이 고민해 볼 만한 지점이 많다는 걸 깨달았습니다. 단순히 과학자의 업적을 찬미하자거나 과학 지식을 곱씹으며 인생의 교훈을 건져 내야 한다고 생각했다는 건 아닙니다. 과학이라는 활동 자체나 특정한 과학 분야 혹은 과학의 역사에 대한 세이건의 생각을 있는 그대로 받아들이지 않고 비판적으로 검토할 필요가 있었다는 뜻입니다.

모임을 진행하는 동안 용어를 풀이하고 최근 연구 성과를 소개하는 한편 세이건의 관점에 나름의 주석을 달아 구성원들과 나누기 시작했습니다. 반응은 예상보다 뜨거웠습니다. 저자의 시각을 곧이곧대로 따라가지 않고 미처 생각하지 못한 지점을 짚을 수 있어 좋았다, 과학 자체와 과학사에 대한 오해를 해소할 수 있는 기회였다, 다른 과학책을 읽을 때 어떻게 접근해야 할지 단서를 찾았다는 화답이 뒤따랐습니다. 줄곧 저를 따라다닌 질문에 어떤 답을 내려야 할지, 한 줄기 빛이 스치는 듯했습니다. 과학책 읽는 법에 대한 생각을 더 많은 이와 함께 나누면 어떨까 하는 생각이 들었어요. 그게 이 책의 시작이었습니다.

이 책이 제공하는 '서비스'는 크게 세 가지입니다. 첫째, 과학 용어와 개념을 최대한 쉽고 충실하게 설명합니다. 마음을 굳게 먹고 책장을 펼쳤다가 머리 아픈 단어들 때문에 이내 세차게 덮었던 경험, 다들 한 번쯤 있으실 겁니다. 그런 독자들이 『코스모스』를 완독할 수 있도록 책을 이해하는 데 꼭 필요한 과학 용어에 관한 설명을 각 장 뒷부분에 자세히 풀이해 놓았습니다. 이곳에서 설명하는 용어와 개념을 익혀 두면 다른 과학책으로 독서를 확장하는 데도 큰 도움이 될 겁니다.

둘째, 최신 지식을 소개합니다. 『코스모스』가 출간된 후로 50여 년의 세월이 흘렀습니다. 그동안 세이건은 생각지도 못했을 과학적 발전이 수없이 이루어졌지요. 『코스모스』 출간 당시 막 토성에 도착한 우주 탐사선 보이저 1호는 현재 태양의 영향을 벗어나 어둑한 우주 공간을 유영하고 있습니다. 세이건이 존재를 추정하기만 했던 외계 행성은 현재 6000개가 넘게 발견되었고요. 동명의 다큐멘터리 공동 제작자 앤 드루얀은 『코스모스』 2013년 영문판 서문에서 이렇게 적었습니다. "어느 한 세대도 완성된 그림을 볼 수는 없다."[1] 여러분은 세이건의 세대가 목격하지 못한 그림 조각 몇 가지를 이 책에서 살펴보실 수 있을 겁니다.

셋째, 과학책을 비판적으로 읽는 훈련의 기회를 제공합니다. 어쩌면 의문을 품는 분들도 있을 겁니다. '사실'만을 전달하는 과학책에서 도대체 무엇을 어떻게 비판적으로 접근한다는 것일까요? 『코스모스』는 단순히 과학 지식만을 전달하는 책이 아닙니다. 과학이 무엇인지 정의하고 과학의 기원을 규정하는 책이자, 어떤 인물은 과학의 영웅으로 선별하는 동시에 어떤 시대는 과학의 암흑시대로 간주하는 책이고, 우주 탐사 정신을 역사적 사건과 연결하고 대중이 과학을 알아야 하는 나름의 이유를 밝히는 책이기도 합니다. 현란하게 펼쳐지는 과학 개념 사이로 얼핏 모습을 비치는 탓에 포착하기 어려울 수 있지만, 사실 세이건의 관점은 하나하나가 따져 볼 만한 쟁점입니다.

비판적 독해의 중요성은 세이건이 제시한 것과 비슷한 관점이 『코스모스』 출간 이후 과학 도서와 매체에서 수도 없이 반복되었다는 점을 고려하면 더욱 두드러집니다. 한 가지만 예를 들어 볼까요? 세이건은 물리학과 천문학을 예로 들면서 과학이란 가설 설정과 검증을 반복하며 '확실한' 지식을 제공하는 활동이라고 보았습니다. 세이건만 그랬던 것도 아닙니다. 과학적 방법의 확실성은 많은 과학책에서 강조되었고 지금도 그렇습니다. 그렇게 확실성을 강조하는 과정에서 과학 지식 생산의 여러 불확실한 측면은 대부분 간과되었습니다. 앞으로 살펴보겠지만, 과학 지식의 불확실성을 고찰하는 일은 오늘날 우리 모두가 사회에서 수없이 맞닥뜨리는, 과학에 얽히고설킨 문제의 실마리를 찾는 데 대단히 중요합니다. 앞으로 함께 『코스모스』를 읽어 나가면서 이런 예시를 포함한 몇 가지 논점을 함께 생각해 볼 겁니다.

그런데 왜 하필 『코스모스』일까요? 그렇게 비판할 구석이 많다면 다른 책을 읽는 게 낫지 않을까요? 물론 반드시 『코스모스』를 읽어야 할 이유는 없습니다. 하지만 과학책 읽기의 세계에서 『코스모스』의 영향력은 무시할 수가 없습니다. 『코스모스』는 원래 1980년 미국 PBS에서 방송된 동명의 다큐멘터리를 토대로 만들어진 책입니다. 세이건이 진행을 맡은 이 다큐멘터리는 전 세계 60개국에서 5억 명이 시청한 것으로 집계됩니다.[2] 책 역시 전 세계에서 4000만 부가 넘게 팔릴 정도로 과학책으로선 전무후무한 판매 기록을 보유하고 있습니다.[3] 이런 상황은 한국도 마찬가지입니다. 한국의 중견 과학자 중에는 어릴 적 『코스모스』를 읽으며 과학자의 꿈을 키웠던 '코스모스 키즈'가 많습니다.

좋으나 싫으나 『코스모스』는 이후 출간된 수많은 과학책의 양분이 되면서 과학책의 '밈' 같은 존재로 등극했습니다. 그 과정에서 수많은 독자가 꼭 한 번은 읽길 고대하는 대상이 되었지요. 앞서 말한 것처럼 『코스모스』를 반드시 읽어야 할 이유는 없지만, 과학책의 세계에 입장하길 원한다면 그 욕망을 원동력으로 삼는 것도 좋은 방법이라고 생각합니다.

『코스모스』를 읽으면 좋은 점은 또 있습니다. 이 장점은 첫머리에서 제시한 질문과 관련이 있습니다. '과학책은 어떻게 읽어야 할까요?' 『코스모스』는 다루는 분야의 범위도 그렇지만 제기하는 질문과 답변의 범위도 방대합니다. 그러므로 다른 과학책들과 연결되는 지점이 많지요. 과학이란 무엇인가? 과학은 어디서 왔는가? 과학은 어떻게 발전하는가? 왜 과학을 알아야 하는가? 『코스모스』에는 이 물음들에 대한 세이건의 답변이 비교적 명시적으로 드러나 있습니다. 세이건의 답변을 상세히 검토하며 책을 읽는 것은 과학책 읽기 자체를 훈련하는 것과 같습니다. 그러니 『코스모스』를 통한 비판적 독해의 경험은 두고두고 앞으로 과학책을 읽을 때도 훌륭한 자산이 될 겁니다.

자, 이제 책장에 고이 모셔 둔 두꺼운 책을 꺼낼 차례입니다. 겁내지 않으셔도 됩니다. 이 책이 든든한 가이드가 되어 드릴 테니까요.

들어가는 말: 『코스모스』를 시작하는 이유　　　　9

1장 ── 우리는 어디에 있는가?　　　　19
　　　　　　코스모스의 바닷가에서

2장 ── 우리는 누구인가?　　　　45
　　　　　　우주 생명의 푸가

3장 ── 과학이란 무엇인가?　　　　83
　　　　　　지상과 천상의 하모니

4장 ── 지구는 영원한가?　　　　101
　　　　　　천국과 지옥

5장 ── 지구를 떠날 수 있는가?　　　　117
　　　　　　붉은 행성을 위한 블루스

6장 ── 과학은 어떻게 발전하는가?　　　　129
　　　　　　여행자가 들려준 이야기

7장 ── 과학은 어디서 왔는가?　　　　145
　　　　　　밤하늘의 등뼈

8장 ── 태양계를 벗어날 수 있을까?　159
　　　　시간과 공간을 가르는 여행

9장 ── 우리는 어디에서 왔는가?　183
　　　　별들의 삶과 죽음

10장 ── 과학은 어디까지 알고 있는가?　205
　　　　영원의 벼랑 끝

11장 ── 우리는 정보를 어떻게 유지하는가?　219
　　　　미래로 띄운 편지

12장 ── 우리는 혼자인가?　227
　　　　은하 대백과사전

13장 ── 과학을 왜 알아야 하는가?　237
　　　　누가 우리 지구를 대변해 줄까?

주　251

1장

우리는 어디에 있는가?

코스모스의 바닷가에서

우주가 얼마나 거대한지, 궁금했던 적 있으신가요? 빛 공해로 잘 보이지 않지만 하늘을 가득 수놓은 별을 떠올리기만 해도 우주가 매우 큰 건 분명합니다.

잠시 해변가에 있다고 상상해 볼까요? 머리 위에서 햇볕이 강렬하게 내리쬐고 멀리서 파도가 부딪히는 소리가 들립니다. 모래를 한 줌 집어 들어 손가락 사이로 흘러내리는 알갱이를 느껴 보지요. 이때 손안에 든 모래 알갱이의 수는 얼마나 될까요? 너무나 큰 수일 터라 곧바로 대답하기가 망설여집니다. 시야를 더 넓혀 봅시다. 지구의 모든 해변을 뒤덮은 모래 알갱이는 얼마나 많을까요? 겨우 손안에 든 모래가 몇 알일지도 말하기 힘든데 모든 해변의 모래라뇨? 그래도 영겁의 세월이 주어졌다고 치고 해변가의 모래를 하나씩 세어 봅시다.

자, 세어 보셨나요? 이제 여러분은 우리 우주에 존재하는 별의 수를 알게 되셨습니다. 모래의 수는 10해垓 (1 뒤에 0이 무려 스물한 개나 붙은 수입니다) 알로, 우주에 존재하는 것으로 추정되는 별은 그 10배인 100해 개입니다. 이토록 많은 별을 담고 있는 우주가 얼마나 넓어야 할지, 짐작이 되시나요?[1]

칼 세이건이 첫 번째 장에서 독자들에게 가장 먼저 전달하려는 것 또한 우주가 얼마나 거대한지에 대한 감각입니다. 다만 세이건은 모래 알갱이 대신 '상상의 우주선'을 통해 우리를 우주로 안내합니다. 『코스모스』는 동명의 다큐멘터리 대본을 바탕으로 쓰인 책입니다. 다큐멘터리 제1화를 보면 상상의 우주선에 탑승한 세이건이 거대한 은하단에서 출발해 작디작은 지구까지 우주를 항해하는 모습을 볼 수 있지요.●

책도 똑같은 방식을 따릅니다. 여러분의 상상력을 힘껏 발휘할 때입니다. 책을 읽으면서 우주선을 타고 우주로 향한다고 상상해 봅시다. 낯선 용어가 쏟아져도 걱정하지

● 1980년에 방영된 다큐멘터리 『코스모스』는 유튜브나 온라인 디지털 도서관 '인터넷 아카이브'에서 볼 수 있습니다. 상상의 우주선은 2014년에 리메이크된 다큐멘터리 『코스모스: 시공간 오디세이』에도 도입되었습니다.

마세요. 용어의 정확한 의미보다는 우주가 얼마나 거대한 지, 그 느낌에 집중해 봅시다. 자, 세이건을 따라 상상의 우주선에 탑승할 준비가 되셨나요?

상상의 우주선을 타고
: 은하들의 세상에서 창백한 푸른 점까지

우주여행은 지구에서 80억 광년 떨어진 곳에서 시작됩니다. 1광년은 빛이 1년 동안 이동하는 거리를 말합니다. 대략 10조 킬로미터쯤 되지요. 벌써 우주가 얼마나 거대한지 실감이 나지 않나요? 이곳은 별이 '억' 단위로 뭉친 집단, 은하의 세상입니다. 이렇게 멀리 떨어진 곳에서는 은하도 작은 점처럼 보입니다. 별들이 한데 모여 은하를 이루듯, 은하들도 은하단을 이룹니다. 은하단에는 수백에서 수천 개의 은하가 포함되어 있지요. 세이건은 은하단이 지금까지 알려진 가장 거시적인 구조라고 말하지만, 오늘날 천문학자들은 은하단보다 훨씬 큰 구조인 초은하단과 은하 필라멘트에 대해서도 알고 있습니다(자세한 내용은 '은하단' 항목을 참고하세요).

　우리 태양계가 속한 우리 은하(은하수 은하)는 어디 있을까요? 우리 은하는 은하단보다 작은 단위인 은하군

(은하들이 수십 개 단위로 뭉친 집단), 그중에서도 국부 은하군Local Group of galaxies에 속해 있습니다. 한 번쯤 들어 보셨을 안드로메다은하도 같은 은하군 안에 살고 있지요. 지구에서 200만 광년쯤 떨어진 곳에 도달하면 그제야 안드로메다은하가 커다랗게 보이고, 우리 은하가 나선 팔을 돌리는 모습도 서서히 눈에 들어오기 시작합니다.

상상의 우주선은 이제 우리 은하 안으로 진입합니다. 4만 광년 떨어진 곳까지 온 우리는 우리 은하를 유유히 유영하며 별들의 세계를 조망합니다. 별들이 수백에서 수백만 단위로 뭉쳐 함께 움직이는 성단, 고작해야 두 별이 서로를 도는 쌍성계, 태어난 지 얼마 안 된 푸른 별과 머지않아 삶을 마감할 붉은 별이 우리 곁을 스칩니다. 낯선 이름이 쏟아진다고 해도 당황하지 마세요. 지금은 우주의 광막함을 느껴 보는 것만으로 충분합니다. 별의 다양한 종류와 삶과 죽음은 제9장에서 살펴볼 기회가 있을 겁니다.

드디어 우리에게 익숙한 태양계로 향할 차례입니다. 태양계는 우리 은하의 나선 팔 변두리에 있습니다. 이제 막 태양계로 들어온 우주선의 위치는 지구에서 1광년 떨어진 곳, 훗날 태양계 안쪽까지 파고들어 혜성으로 나타날 얼음 덩어리 집단 속입니다. 이제 해왕성부터 천왕성, 토성, 목성, 화성까지 태양 주위를 공전하는 행성을 하나씩 지나치다 보면 창백한 푸른 점, 지구가 눈앞에 동그랗게 떠오릅니다. 어둑한 공간 속에서 수억 광년을 헤매고 나서야 마침내 우리의 우주적 위치를 확인하게 된 겁니다.

우주적 관점

상상의 우주선을 타고 우주 공간을 누빈 경험, 어떠셨나요? 세이건의 안내 덕분에 우주가 얼마나 거대한지, 동시에 우주적 관점에서 지구는 얼마나 작은지 간접적으로나마 체험할 수 있었습니다. 이처럼 우주적 규모로 관점을 넓혀 우리의 위치를 확인해 보자는 것이『코스모스』첫 번째 장의 핵심 메시지입니다.

과학책 독서 모임 자리에서『코스모스』첫 번째 장을 함께 읽고 구성원에게 물은 적이 있습니다. 우주의 광막함과 우리의 미미함을 떠올리면 어떤 감정이 느껴지냐고요. 답변은 저마다 달랐지만 몇 가지 단어로 요약할 수 있을 것 같습니다. 경외감, 사소함, 겸허함, 해방감, 허무함. 압도적인 규모에 경외하다 보면 스스로의 존재와 고민이 사소하게 느껴지면서 겸허해진다는 분이 많았습니다. 한편 따분한 일상에서 벗어난 듯한 자유로운 느낌이 든다는 분도 있었고, 이 모든 게 다 무슨 소용인가 하며 허무의 늪에 빠진 분도 있었지요. 여러분은 어떠신가요?

우주의 광막함에 대한 인식은 우리 자신에 대한 인식과 자연스럽게 연결됩니다. 천체물리학자 닐 디그래스 타이슨은 우주에서 얻은 지식을 바탕으로 우리의 위치를 가늠하는 지혜와 통찰을 "우주적 관점"cosmic perspective이라고 불렀습니다.[2] 막대한 크기의 우주를 떠올리면 세상의 중심이 지구, 더 나아가 인류와 나 자신이 아님을 알게 되고 인종, 민족, 종교, 국가, 문화 간의 갈등을 넘어 진정으로 중요한 게 무엇인지 깨닫게 된다는 것이 타이슨의 생각입니다. 『코스모스』를 통틀어 일관되게 흐르는 세이건의 믿음이기도 하지요. 우리가 드넓은 우주에서 별것 아닌 존재라는 인식은 비좁고 편협한 시야에서 벗어나 인류 중심주의 또는 우리 중심주의에서 벗어날 수 있는 소중한 단초가 될 수 있습니다.

세이건의 표현을 빌리자면 모든 은하는 자연이 오랜 세월 조탁하여 만들어 낸 예술품입니다. 하지만 삶의 태도라는 예술품을 조탁하는 건 우리 자신의 몫입니다. 우주의 거대함과 지구의 초라함을 앞에 두고 어떤 삶의 태도를 조탁해야 할지, 한번쯤 고민해 보는 건 어떨까요?

대항해시대와 대우주시대

우주여행을 마친 세이건은 돌연 기원전 4세기에 세워진 이집트 도시 알렉산드리아로 향합니다. 이제 막 지구에 도착한 건 맞지만, 너무 뜬금없지 않나요? 이렇게 갑자기 시간을 거슬러 올라가 과학적 논의를 인류의 역사 속에 위치시키는 것이 『코스모스』의 특징입니다. 세이건의 역사적 평가를 고찰하는 것은 『코스모스』를 읽는 또 다른 재미지요.

기원전 3세기 알렉산드리아에 에라토스테네스라는 수학자 겸 지리학자가 살고 있었습니다. 책에서 자세히 설명하듯, 에라토스테네스는 두 도시에 꽂힌 막대기가 똑같은 시각에 한쪽에만 그림자를 드리우는 현상을 관찰해서 지구의 둘레를 꽤 정확히 알아냈습니다. 세이건에 따르면 에라토스테네스 덕분에 지구의 크기를 알게 된 용감한 선원들이 본격적으로 대양을 항해하기 시작했고, 그들의 대항해는 1492년 크리스토퍼 콜럼버스의 아메리카 대륙 '발견'으로 정점에 도달하였습니다.

여기서 중요한 점은 콜럼버스의 신대륙 발견이 세이건의 손에서 우주 탐사와 연결된다는 겁니다. 전인미답의 장소가 더는 남지 않은 현대의 인류가 새로움을 추구하는 대항해시대 정신을 넘겨받아 우주로 눈을 돌린 결과 대우주시대가 도래했다는 것이 세이건의 서사입니다.

『코스모스』는 우주 탐사가 본격화된 지 얼마 안 된 시기에 쓰인 책입니다. 1957년 소련에서 발사한 최초의 인공위성 스푸트니크 1호가 궤도에 성공적으로 안착한 후로 미소 양국은 1960년대 초부터 앞다투어 금성과 화성을 탐사하기 시작했습니다. 1977년 미국에서 쏘아 올린 보이저 탐사선이 목성을 지나 토성을 향해 한참 나아갈 무렵 『코스모스』의 출간 작업이 마무리되고 있었지요. 세이건의 눈에는 이제 막 시작된 우주 탐사 시대가 대항해시대와 겹쳐 보였던 것 같습니다. 요즘도 콜럼버스의 항해가 새로운 발견을 상징하는 것을 고려하면 세이건이 대항해시대를 떠올린 것도 이해할 만합니다.

우주는 누구의 것인가?: 우주 식민지 서사

대항해시대와 우주 탐사를 관련짓는 사람이 세이건만 있는 건 아닙니다. 오늘날도 "우주개발의 대항해시대" "제2의 대항해시대" 같은 표현이 심심찮게 등장합니다. 하지만 저는 인류의 우주 진출을 곧바로 대항해시대 역사와 연결해도 괜찮을지 묻고 싶습니다. 새로운 대륙을 찾는 용감한 선원들의 모험 이면에 어떤 어두운 현실이 있었지요? 아메리카 대륙이 불과 몇십 년 사이에 거대한 노예 식민지이자 광산 식민지로 변모한 것을, 유럽의 전염병과 참혹한 전쟁, 학대 때문에 아메리카 선주민이 끔찍하게 몰살당한 것을, 우리는 너무나 잘 알고 있습니다.

대항해시대는 단순히 비유일 뿐 사람들이 우주 탐사를 식민지화 관점에서 본다고 우려하는 건 지레짐작 아니냐고 물을 수도 있겠습니다. 하지만 우주 식민지화라는 이미지는 우주 탐사에 강력하게 달라붙어 있습니다. 스페이스X의 CEO 일론 머스크는 "나는 화성을 식민지화할 것이다"라고 선언했고,[3] 아마존의 CEO이자 민간 우주 기업 블루오리진의 창립자 제프 베이조스 또한 "미래의 인류는 거대한 (……) 우주 식민지에서 살게 될 것이다"라고 내다보았습니다.[4] 심지어 NASA의 국장이었던 마이클 그리핀 역시 "인간이 태양계를 식민지화하고 언젠가는 그 너머로 나아가리라 믿는다"라고 말했지요.[5]

여기서 중요한 점은 식민지화의 포부를 밝히는 우주 산업 거물들이 좀처럼 윤리적 고려를 하지 않는다는 겁니다. 과학기술학자 케이트 크로퍼드의 지적처럼 "그들의 미래상에는 석유·가스 채굴을 최소화하거나, 자원 소비를 제한하거나, 심지어 자신들을 부자로 만든 노동 착취 관행을 완화하는 것조차 들어 있지” 않습니다.[6] 오로지 광물 채굴과 경제 성장을 태양계로 확장하려는 야심만 있을 뿐이지요. 다른 행성에 존재할지 모를 생명체를 보호해야 한다는 인식 또한 그 어떤 계획에도 반영되어 있지 않습니다.[7]

이처럼 식민지라는 단어는 추상적인 관념으로만 떠다니지 않고 실제 행위에 달라붙어 강력한 힘을 발휘하고 있습니다. 천문학자 루시앤 월코위츠의 말처럼, 식민지화 같은 단어는 “우리의 미래를 틀에 가두는 동시에 어떤 의미에서는 과거를 편집”합니다.[8] 미래의 우주 탐사 목적이 오로지 개척과 정복으로만 쪼그라들 뿐 아니라, 극소수의 특권층(특히 부유한 백인 남성)이 주도하는 낭만적인 우주 모험 서사가 다시금 과거의 아메리카 식민지화 역사에 투영된다는 겁니다. 이처럼 좁은 인식 공간에는 다른 서사가 들어설 여지가 없습니다.

우주가 극소수의 소유물이 되는 걸 내버려 둬야 할까요? 앞으로 우주에서 발견할 새로움이 공동의 이익으로 돌아가도록 할 방법은 없을까요? 혹시나 외계 생명체의 존재가 확인된다면 그들의 삶까지 고려하는 사려 깊은 계획을 미리 세워야 하는 것 아닐까요? 우리의 머나먼 후손은 오늘날의 우주 탐사 시대를 어떻게 기억할까요? 깊이 생각해 볼 문제입니다.

용어 설명

"이게 도대체 무슨 뜻이에요?"

가시광선 visible light 말 그대로 눈으로 볼 수 있는 빛이라는 뜻입니다. 우리는 빛을 통해 세상을 시각적으로 감각합니다. 그럴 때 활용하는 빛이 바로 가시광선입니다. 그럼 눈으로 볼 수 없는 빛도 있을까요? 그렇습니다! 적외선, 자외선, 엑스선, 전파 같은 것은 빛에 속하지만 인간의 눈으로 감지할 수가 없습니다.

계 system 서로 상호작용하는 구성 요소(물질이나 입자)의 모임입니다. 예를 들면 태양계는 태양과 그 중심을 공전하는 모든 천체의 모임을 말합니다. 분야를 막론하고 과학자는 연구를 하기로 마음을 먹었을 때 무엇을 연구할지 가장 먼저 정하는데, 그 연구 대상을 계라고 보시면 됩니다.

나선 은하 spiral galaxy 바람개비처럼 나선 팔을 가진 하얀색 원반 모양 은하를 말합니다. 나선 팔이 펼쳐진 부분은 **원반** disk, 원반 위아래로 불룩 튀어나온 노란색 중심부는 **팽대부** bulge, 나선 은하 전체를 희미하게 구형으로 둘러싼 별과 기체 무리는 **헤일로**halo라고 부릅니다. 나선 은하는 다양한 나이대의 별이 분포되어 있기 때문에 주로 흰빛을 띕니다.

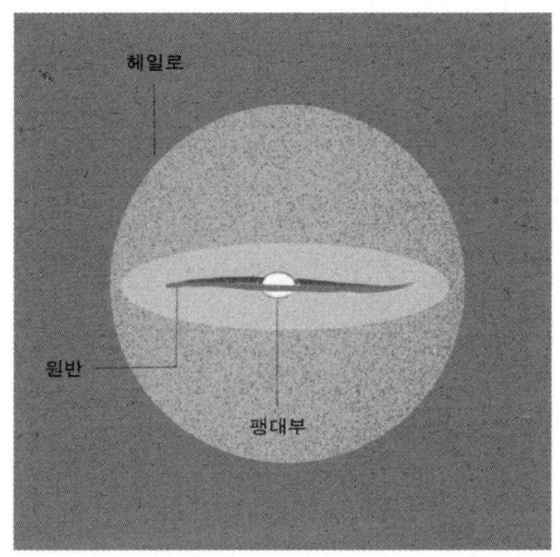

내행성계inner solar system 태양계 안쪽 천체를 말합니다. 수성, 금성, 지구, 화성 그리고 소행성대(화성과 목성 사이에서 태양을 중심으로 도는 소행성 무리)가 포함되어 있지요. **소행성**asteroid은 별 주위를 공전하는 비교적 작은(그래서 행성에 속하지 않는) 암석 천체입니다. 반대로 태양계 바깥쪽 천체(목성, 토성, 천왕성, 해왕성, 그 밖의 천체)는 **외행성계**outer solar system라고 부릅니다.

메탄 methane 탄소 하나에 수소가 네 개 붙은 가장 단순한 탄소 화합물입니다(화합물은 두 종류 이상의 원소로 이루어진 물질을 말합니다). 2005년 개정된 화학 용어 표기법에 따르면 '메테인'이지만, 지금도 메탄으로 불릴 때가 많습니다. 지구 온난화의 주범으로 흔히 거론되는 온실기체 중 하나입니다.

목성형 행성 jovian planets 태양계 행성은 특성에 따라 크게 둘로 나뉩니다. **지구형 행성** terrestrial planets(수성, 금성, 지구, 화성)과 **목성형 행성**(목성, 토성, 천왕성, 해왕성)입니다. 목성형 행성은 지구형 행성보다 크기가 크고 밀도는 낮다는 특징이 있습니다. 그리고 지구형 행성과 달리 단단한 고체 표면이 없고 대체로 수소와 헬륨, 수소 화합물(물이나 암모니아, 메탄 등) 기체로 이루어져 있습니다.

블랙홀 blackhole 질량이 큰 별은 폭발하며 생을 마감한 후에 블랙홀이라는 잔해가 됩니다. 별을 구성하던 물질은 온데간데없어지고 극단적으로 뒤틀린 시공간만 남지요. 이처럼 시공간이 크게 뒤틀려서 그 속에 빠지면 아무것도, 심지어 빛조차 탈출할 수 없는 장소를 블랙홀이라고 합니다.

성단 star cluster 수백에서 백만여 개의 별이 중력으로로 뭉쳐 함께 움직이는 무리를 성단이라고 합니다. 성단에는 두 가지 유형, **산개 성단** open cluster과 **구상 성단** globular cluster이 있습니다. 산개 성단은 수천 개 이하의 젊은 별이 느슨하게 흩어진 산개散開 집단으로 은하의 원반에서 발견됩니다. 반면 구상 성단은 100만여 개 이상의 나이 든 별이 둥글게 뭉친 구상球狀 집단으로 대체로 은하의 헤일로에서 발견됩니다(원반과 헤일로는 '나선 은하' 항목을 참고하세요).

성운 nebula 별과 별 사이 공간(성간星間)에서 다른 곳보다 밀도가 높아 구름처럼 보이는 기체와 먼지를 말합니다(기체는 대부분 수소와 헬륨입니다. 먼지는 용어 설명서 '우주 먼지' 항목을 참고하세요). 그러한 물질 중에서도 흔히 빛을 내는 것을 가리키지요. 20세기 초반까지만 해도 은하를 성운星雲이라고 불렀습니다. 망원경의 성능이 좋지 않아 은하를 관찰하면 구름처럼 희부옇게 보였기 때문이지요.●

성운과 비슷한 용어로 **성간운** interstellar cloud이라는 것도 있습니다. 성운과 마찬가지로 별과 별 사이 공간에서 구름처럼

● 그런데 세이건은 왜 제1장에서 은하를 보고 성운들의 세상이라고 말한 걸까요? 확인해 보니 다큐멘터리 대본에는 성운이 아니라 은하라고 쓰여 있더군요. 그런 걸 보면 은하가 성운으로 불린 시대를 떠올리며 은하들의 세계를 성운들의 세계라고 표현한 게 아닌가 싶습니다. 그러니 은하로 바꿔 읽으셔도 무방합니다.

33

모여 있는 기체와 먼지를 말하지만, 성운보다 조금 더 넓은 개념입니다. 성간운을 이루는 물질이 주변 별로부터 빛을 쬐어 에너지를 흡수한 다음 다시 방출하면서 빛을 내는 경우가 있는데, 이를 특별히 성운이라고 부릅니다(하지만 두 용어를 혼용할 때도 많습니다). 참고로 **성간 물질** interstellar medium(또는 성간 매질)이라는 용어도 종종 쓰이는데요. 이건 성간운보다도 넓은 개념이라고 보시면 됩니다.

정리하면 이렇습니다. 별과 별 사이의 공간을 떠다니는 모든 물질을 통칭하면 성간 물질, 물질들이 다른 곳보다 유독 높은 밀도로 구름처럼 뭉쳐 있으면 성간운, 성간운이 별과의 상호작용으로 빛을 내면 성운입니다.

쌍성계 binary star system 중력으로 상호작용하며 서로를 도는 두 별을 말합니다. 쌍성계를 이루는 두 별 가운데 밝은 별을 **주성** primary star, 어두운 별을 **동반성** companion star(또는 짝별)이라고 부릅니다.

안드로메다은하 Andromeda Galaxy **(M31)** 안드로메다자리에서 관측되는 은하로, 흔히 우리 은하에서 가장 가까운 은하로 알려져 있습니다. M31이라는 명칭이 무슨 뜻인지 궁금하셨죠? M

은 '메시에'라고 읽습니다. M31은 프랑스의 천문학자 샤를 메시에가 1781년 출판한 『메시에 천체 목록』에서 서른한 번째 천체라는 뜻이에요. 지금도 당시의 관행을 따라 몇몇 은하를 메시에 번호로 부르고 있습니다. 앞에서 안드로메다은하가 "흔히 우리 은하에서 가장 가까운 은하로 알려져" 있다고 말씀드렸는데요. 엄밀히 말하면 우리 은하에서 가장 가까운 나선 은하라고 해야 맞습니다. 안드로메다은하보다 더 가까운 은하(큰개자리 왜소 은하)가 있거든요.

왜소 은하 dwarf galaxy 대략 100억 개 미만의 별로 이루어진 은하를 말합니다. 도대체 뭐가 왜소한 거냐고 물으실 수도 있겠지만, 이보다 큰 규모의 은하를 생각하면 납득이 됩니다. 별이 1조 개가 넘는 은하를 **거대 은하** giant galaxy라고 부르거든요.

우주 먼지 cosmic dust 우주 과학 책을 읽다 보면 먼지나 티끌이라는 단어가 많이 나옵니다. 우주에 먼지가 있다고요? 그렇습니다. 우주에 떠다니는 아주 작은 고체 알갱이를 우주 먼지라고 합니다. 주로 규산염(규소와 산소, 금속 원소로 이루어진 광물)과 황화물(황을 포함한 화합물), 얼음, 유기 분자 등으로 이루어져 있습니다.

원추 곡선(원뿔 곡선) conic section 『코스모스』에 역주로 설명되어 있긴 하지만 그래도 좀 어렵습니다. 일단 원추는 원뿔의 다른 말입니다. 원뿔을 밑면과 평행하게 자르면 어떤 단면이 나올까요? 맞습니다, 원입니다! 거기서 살짝 기울여 자르면 타원이, 더 기울여 자르면 포물선이, 과감하게 거의 수직으로 자르면 쌍곡선이라는 곡선이 나옵니다. 이렇게 원뿔을 잘랐을 때 나오는 곡선들을 통틀어 원추 곡선(또는 원뿔 곡선)이라고 합니다. 기하학에서 굉장히 중요하게 다루어지는 곡선입니다.

위도와 경도 latitude and longitude 지구에서 여러분의 위치를 정확하게 표시하려면 어떻게 해야 할까요? 놀랍게도 단 두 개의 수만 있으면 됩니다. 바로 위도와 경도입니다. 위도는 적도를 기준으로 위아래(북극 또는 남극 방향)로 얼마나 멀리 떨어져 있는지를 나타내는 각도입니다. 반면 경도의 기준은 자의적입니다. 영국의 그리니치 천문대를 기준으로 좌우로 얼마나 멀리 떨어져 있는지를 나타내거든요.

세이건은 『코스모스』 첫 번째 장에서 과거 선원들이 별자리만 보고도 현 위치의 위도를 알아낼 수 있었다고 하는데, 어떻게 그럴 수 있었던 걸까요? 우선 별자리들의 상대적인 위치를 이용해서 북극성을 찾습니다. 그리고 북극성이 수평선을 기준으로 얼마나 높이 떠 있는지 측정하면 위도를 알아낼 수 있지요. 하지만 경도의 경우에는 북극성과 같은 기준점이 없기 때문에 밤하늘만 보고는 알아낼 수가 없습니다.

위성 은하 satellite galaxy 거대한 은하를 공전하는 작은 은하를 위성 은하라고 합니다. 지구의 위성인 달이 지구 주위를 공전하는 것과 마찬가지입니다.

유기 화합물 organic compound 지구에서 살아가는 생명체는 예외없이 탄소로 이루어져 있습니다. 이렇게 탄소 기반 생명체의 재료가 되는 탄소 화합물을 가리킬때 유기 화합물 또는 유기 분자라는 표현을 사용합니다. 생명체를 흔히 **유기체** organism라고 부르기도 하는데(유기체는 흔히 생명과학 교과서에서 "하나 이상의 세포로 이루어진 살아 있는 개체"라고 정의됩니다), 적어도 지구의 생명체는 유기 화합물로 이루어져 있기 때문입니다.

은하 galaxy 『코스모스』에서 처음 만나게 되는 우주적 존재입니다. 우주의 구조를 형성하는 기본 단위라고 할 수 있지요. 억 단

위의 별이 중력으로 상호작용하며 뭉친 집단을 말합니다. 태양계는 우리 은하(은하수 은하)라고 불리는 은하 속에서 돌고 있습니다. 평균적으로 은하 하나에는 별 1000억 개가 들어 있다고 합니다. 은하는 이렇게나 거대한데, 이런 집단이 또 우주에 무려 1000억 개쯤 있는 것으로 추정됩니다. 은하는 형태에 따라 크게 나선 은하, 타원 은하, 불규칙 은하로 구분됩니다. 세이건이 『코스모스』를 집필할 당시에는 은하에 대한 이해 수준이 그다지 깊지 않았지만, 현재는 많은 천문학자가 은하의 형성과 진화를 활발하게 연구하고 있습니다.

은하군 galaxy group 별이 모여 은하를 이루듯 은하도 무리를 이룹니다. 은하의 무리 중에서 규모가 작은 집단(몇 개부터 수십 개)을 은하군이라고 합니다. 우리 은하는 안드로메다은하와 함께 국부 은하군이라는 은하군에 속해 있습니다.

은하단 galaxy cluster 은하군보다 규모가 큰 은하 무리를 말합니다. 수백에서 수천 개의 은하가 중력을 통해 상호작용하며 집단을 형성하지요. 우리 은하는 은하단이 아닌 더 작은 규모의 국부 은하군이라는 은하군에 속해 있습니다. 우리 은하와 가장 가까운 은하단은 대략 6000만 광년 떨어져 있는 처녀자리 은

하단으로 2000개가량의 은하를 포함하고 있다고 합니다.

여기서 끝이 아닙니다. 은하군과 은하단이 뭉쳐서 **초은하단**supercluster을 이루고, 초은하단이 모여서 더 큰 규모의 초은하단이되기도 하거든요. 우리 은하가 속한 국부 은하군은 국부 초은하단(라니아케아 초은하단이라고도 합니다)에 포함되어 있습니다.

초은하단보다 더 큰 은하 구조도 있습니다. 두께가 1500만 광년밖에(?) 안 되지만 길이는 무려 5억 광년인 기다란 은하 집단 그레이트 월Great wall(은하 장성이라고 번역하기도 합니다)이 1989년 발견되었거든요.[9] 이렇게 초은하단이 실처럼 이어진 구조를 **은하 필라멘트**galaxy filament라고 하는데, 오늘날 가장 거대한 은하 구조로 알려져 있습니다.

2003년에는 슬론 그레이트 월Sloan great wall이라는 더 큰 필라멘트(길이 13억 광년)가 발견되었고, 더 최근인 2013년에는 길이가 무려 100억 광년인 헤라클레스자리-북쪽왕관자리 그레이트 월도 모습을 드러냈습니다.[10](인터넷에서 '슬론 디지털 스카이 서베이'Sloan Digital Sky Survey를 검색하면 실처럼 엮인 은하들의 분포를 볼 수 있습니다.) 이렇게 거대한 규모의 은하 구조를 알아내고 그 구조를 통해 우주의 팽창을 탐구하는 연구가 현재 활발하게 이루어지고 있습니다.

천동설 天動說 『코스모스』에는 천동설이 지구 중심 우주관이라고 쓰여 있지만, 엄밀히 말하면 둘은 다른 개념입니다. 천동설은 말 그대로 '하늘이 움직인다'라고 주장하는 이론입니다. 17세기 중반까지만 해도 천문학자들은 우주의 구조가 거대한 양파 같다고 생각했습니다. 양파의 단면을 자르면 겉껍질이 속껍질을 여러 겹 에워싸고 있는 것처럼 행성과 별이 각기 다른 껍질(천구)에 박혀서 움직인다고 여겼습니다. 이것을 바로 천동설이라고 합니다. 그러니 우주 중심에 있는 것이 지구가 아니라 태양이라고 해도 행성과 별이 천구에 박힌 채로 돈다고 믿는다면 그 역시 천동설입니다. 따라서 엄밀하게 말하면 지구 중심설의 반대 이론은 태양 중심설입니다.

천체 astronomical object 천문학의 연구 대상이 되는, 우주 공간에 존재하는 모든 물체를 가리킵니다. 예를 들면 별이나 행성 또는 그 모임이 모두 천체에 속합니다.

초신성 supernova 이름만 보면 새롭게 나타난 별로 오해하기 쉽습니다. 하지만 사실 초신성은 별 자체가 아니라 별의 폭발, 즉 별이 죽으면서 일시적으로 매우 밝게 빛나는 현상을 말합니다.

(유튜브에서 'The Rise and Fall of Supernova 2015F'를 검색하면 초신성이 폭발하는 장면을 볼 수 있습니다. 한국의 천문학자 임명신과 최창수가 포착한 장면입니다.) 물론 모든 별이 초신성으로 폭발하는 것은 아닙니다. 더 자세한 내용은 제9장 본문을 참고하세요.

타원 은하 *elliptical galaxy* 납작하게 생긴 나선 은하와 달리 럭비공처럼 한쪽 방향이 긴 둥근 모양의 은하를 말합니다. 차가운 기체와 먼지로 원반을 가득 채운 나선 은하에 비해 매우 뜨거운 기체로 이루어져 있습니다. 나이 든 별들이 많아 붉은빛을 띱니다.

핵융합 *nuclear fusion* 둘 이상의 원자핵이 충돌해서 더 큰 원자핵이 만들어지는 현상을 말합니다. 태양에서 빛이 나오는 이유가 바로 핵융합 때문입니다. 태양과 같은 별의 중심부에서는 수소 원자핵이 서로 부딪쳐 헬륨 원자핵이 만들어지는데, 그 과정에서 엄청난 양의 빛과 열이 생성됩니다. 우리가 그 빛을 매일 아침 보고 있는 것입니다. 별 중심부에서 일어나는 핵융합에 대한 더 자세한 내용은 제9장 본문을 참고하세요.

항성(별)과 행성 star and planet 별은 엄청난 양의 기체가 중력으로 둥글게 뭉쳐 스스로 빛을 내는 천체를 말합니다(우리가 매일 아침 보는 태양도 별입니다). 따라서 스스로 빛을 내지 못하는 행성과는 전혀 다른 천체입니다(그러니 나중에라도 천문학자를 만나게 된다면 지구를 '초록 별'이라고 부르실 일이 없길!).

별은 전문 용어로는 항성이라고 부릅니다. 별이면 별이지, 왜 앞에 '항'恒(항상 일정한)이라는 수식어가 붙은 걸까요? 항성이라는 용어는 고대 그리스에서 기원했습니다. 하늘에서 복잡한 궤도를 그리며 떠도는 행성과 달리, 항성은 매일 밤 같은 시각에 항상 똑같은 자리에서 관찰되기 때문에 '움직이지 않는 별'이라는 뜻에서 붙박이별 fixed star이라는 이름이 붙었습니다. 이걸 오늘날 항성이라고 부르는 것이고요. 별이 어떻게 스스로 빛을 내는지는 용어 설명서 '핵융합' 항목과 제9장 본문을 참고하세요.

행성은 스스로 빛을 내지 못하고 별을 중심으로 공전하는 천체를 말합니다. 스스로 빛을 내는 별과는 전혀 다른 천체인 것이지요. 그런데 왜 이름 뒤에 별을 뜻하는 '성'星이 붙었을까요? 그 기원도 고대 그리스까지 거슬러 갑니다. 당시 천문학자들은 하늘의 모든 물체를 별이라고 불렀습니다. 그리고 매일 밤 같은 시각에 같은 자리에서 관찰되는 붙박이별(항성)과 달리 계속해서 위치를 바꾸는 별에 떠돌이별wandering star이라는 이름을 붙였습니다. 이 천체들을 오늘날 행성이라고 부르는 겁니다.

현재 태양계 행성은 수성, 금성, 지구, 화성, 목성, 토성, 천왕성, 해왕성으로 총 여덟 개입니다(명왕성은 2006년 새롭게 확립된 행성 정의에 따라 행성에서 탈락해 **왜소 행성**dwarf planet이 되었습니다. 왜소 행성은 행성처럼 별 주위를 공전하고 크기가 충분히 커서 중력으로 공 모양을 이루긴 하지만, 공전 궤도에 다른 천체가 없어야 한다는 행성 조건을 충족하지 못하는 천체를 말합니다).

한편 태양계 밖에서 태양 이외의 별을 돌고 있는 행성은 **외계 행성**exoplanet이라고 합니다. 외계 행성의 존재는 1992년에야 처음으로 확인되었기 때문에 『코스모스』에는 반영되지 않았습니다. 물론 세이건은 책을 집필할 당시에도 외계 행성의 존재를 확신했지요. 외계 행성 천문학은 현재 활발하게 연구되고 있는 분야 중 하나입니다. 천문학자들은 왜 이렇게 열심히 외계 행성을 찾으려는 걸까요? 이유는 다양하겠지만, 가장 큰 동력은 외계 생명체 연구일 겁니다. 이미 생명체를 발생시킨 지구라는 행성이 있으니, 다른 행성에서도 생명체가 있지 않을까 기대하는 것이지요. 외계 행성을 연구함으로써 우리 태양계의 과거와 미래를 탐구할 수 있다는 것도 한 가지 이유입니다. 2026년 3월 14일을 기준으로 6147개의 외계 행성이 확인되었습니다.[11]

2장

우리는 누구인가?

우주 생명의 푸가

우리는 누구일까요? 우리를 정의하는 방법은 수도 없이 많습니다. 국가나 문화, 직업, 가치관 같은 추상적인 관념에 따라 규정할 수도 있고 피부색 같은 외형적 특징을 제안할 수도 있겠지요. 그러나 관점을 더 넓혀 봅시다. 우리가 살아가는 장소나 시간, 외모와 무관하게 우리라는 존재를 하나로 묶어 주는 보편적인 정의가 있을까요?

세이건이 두 번째 장에서 다루는 질문이 바로 이것입니다. 세이건은 과학의 렌즈를 통해 우리를 하나의 생물학적 종으로 보자고 권유합니다. 세이건의 대답은 크게 둘로 요약할 수 있습니다. 첫째, 진화의 관점에서 우리는 호모 사피엔스라는 하나의 종에 지나지 않는다는 것. 둘째, 생명 활동을 일으키는 분자 수준에서 우리는 그와 같은 활동에 필요한 정보가 암호화된 프로그램이라는 것. 이렇게 생물학의 관점에서 보면 우리는 수십억 년 동안 생명 프로그램이 작동하며 끊임없이 가지를 뻗는 생명의 나무에서 극히 작은 잔가지 하나에 불과합니다.

본격적으로 시작하기 전에 한 가지 드릴 말씀이 있습니다. 『코스모스』 제2장은 생물학 용어에 익숙하지 않다면 버거울 수 있습니다. 유전 형질, 뉴클레오타이드, DNA 같은 무시무시한 용어가 쏟아지는 와중에 전반적으로 이야기가 장황하게 펼쳐지기 때문입니다. 우선 제2장의 내용을 풀이한 다음의 본문을 읽으면서 큰 줄기를 잡은 다음, 각 개념의 세부적인 내용은 이 장의 용어 설명서를 참고하시길 권합니다(특히 유전자 → DNA → 진화 순으로 읽으시길 권합니다). 복잡해 보여도 찬찬히 읽다 보면 이해할 수 있도록 최대한 쉽게 풀어놓았습니다. 이번 기회에 『코스모스』에 나오는 생물학 개념을 익혀 두면 다른 과학책을 읽을 때도 큰 도움이 될 것이라 확신합니다.

진화의 메커니즘
: 유전 물질의 변화와 자연 선택

인류는 오랜 세월 동안 우리에게 이로운 방식으로 동식물의 특성을 바꿔 왔습니다. 가장 대표적인 사례가 개입니다. 산책을 하러 공원에 가면 다양한 모습의 개들이 많이 보입니다. 외형과 행동, 성격은 제각각이지만 사실 모두 같은 종이지요. 약 1만 년 전부터 인간이 원하는 특징을 얻기 위해 '용도'에 맞게 선택적으로 번식시킨 결과 지금과 같은 150여 품종의 개가 탄생했습니다. 이렇게 인간이 개입하여 동식물의 특징을 한 방향으로 '선택'하는 과정을 인위 선택이라고 합니다.

이 지점에서 세이건은 묻습니다. 인간이 동식물의 새로운 품종을 만들 수 있다면 자연이라고 하지 못할 이유는 없지 않느냐고요. 다시 말해 자연 역시 온갖 외형적·행동적 특징의 방향을 선택하는 주체가 될 수 있다는 말입니다. 어떻게 가능한 걸까요?

큰 줄거리만 말하자면 이렇습니다. 모든 유전 현상의 바탕을 이루는 물질, DNA에 돌연변이가 생길 때가 있습니다. DNA의 일부가 무작위로 바뀐다는 뜻입니다. ● 그러한 변화 중 일부는 외형적·행동적 특징의 변화로 이어질 수

● DNA가 반드시 돌연변이를 통해서만 변하는 건 아닙니다. DNA는 생식 세포(난자와 정자)가 결합하는 유성 생식 과정에서 변화하기도 합니다.

있고 또 후대로 유전될 수 있습니다(DNA의 모든 변화가 겉으로 드러나고 유전되는 것은 아닙니다). 그렇게 겉으로 드러난 특징이 '우연히' 개체의 생존에 유리하다고 해 볼까요? 가령 추운 지방에 사는 개체는 털이 많을수록 냉혹한 환경을 더 잘 견딜 수 있을 겁니다. 그렇다면 털 많은 개체가 살아남을 가능성이 높아지고 그에 따라 그 특징을 후대에 물려줄 가능성도 덩달아 높아지게 됩니다. 자연이 특징을 '선택'하는 것, 즉 자연 선택이 일어나는 것이지요. 이러한 과정이 오래 지속되면서 변화가 누적되다 보면 언젠가 기존의 종과는 다른 새로운 종이 탄생하게 됩니다. 지금까지 설명한 것이 바로 현대 진화론의 핵심입니다.

생명의 나무와 잔가지
: 자기 복제 분자에서 호모 사피엔스까지

진화의 핵심 메커니즘을 설명한 세이건은 이제 우리는 누구인가라는 질문으로 나아갑니다. 생명의 이야기는 대략 35억 년 전 척박한 원시 지구에서 시작됩니다. ● 어떤 식으로든 스스로를 똑같이 복제하는 분자, 이름하여 자기 복제 분자가 탄생합니다. 이 분자는 훗날 DNA가 되어 생명 현상에서 핵심적인 역할을 담당하게 됩니다. 세이건은 유기물

● 『코스모스』가 출간된 후로 50여 년이 흘렀습니다. 그동안 수없이 많은 지식이 업데이트되었고요. 따라서 지금부터 말씀드리는 연대는 진화생물학자 제리 코인의 훌륭한 진화론 입문서 『지울 수 없는 흔적』(김명남 옮김, 을유문화사, 2011)을 바탕으로 수정했음을 밝힙니다.

로 가득 찬 바다나 연못에서 분자끼리 우연히 엉겨든 끝에 최초의 자기 복제 분자가 생겨났으리라 추측합니다. 이것을 흔히 원시 수프 가설이라고 하는데요. 생명의 기원 문제는 뒤에서 좀 더 자세히 다루겠습니다.

자기 복제 분자가 어떻게 탄생했는지, 그리고 어떻게 최초의 생명이라고 할 만한 세포가 형성되었는지는 정확하게 밝혀지지 않았습니다. 하지만 확실한 것은 35억 년 전 박테리아, 즉 세균이 존재했다는 화석 증거가 있다는 사실입니다. 지구의 나이가 46억 년이니 생명체는 적어도 지구가 형성된 지 불과 10억 년 만에 등장한 겁니다.

이후 20억 년 동안 박테리아 같은 단세포 생물이 지구를 지배하다가, 지금으로부터 약 6억 년 전 벌레나 해파리 같은 다세포 생물이 번성하기 시작합니다. 4억 년 전에는 육상 식물(육지에 사는 식물)과 사지동물(발이 넷인 동물)이 출현하고, 그로부터 5000만 년 뒤에 양서류가, 또 5000만 년이 더 지나 파충류가 등장합니다. 그러다가 2억 5000만 년 전 최초의 포유류가 파충류에서 유래하고, 머지않아 조류 또한 파충류에서 갈라져 나왔습니다.

우리가 속한 사람 계통이 사람 이외의 영장류에서 갈라진 것은 불과 700만 년 전의 일입니다. 생명체의 역사에서 신출내기인 셈이지요. 사람 계통에 현생 인류인 호모 사피엔스만 있는 건 아닙니다. 침팬지와의 공통 조상에서 사람 계통이 갈라져 나온 뒤로도 생명의 나무는 여러 번 가지를 쳤지요. 한 번쯤 들어 보셨을 오스트랄로피테쿠스, 호모 네안데르탈렌시스, 호모 에렉투스 등 지금까지 스무 종류의 종이 존재했다고 알려져 있습니다.[1]

기나긴 세월 동안 다양한 종으로 끊임없이 갈라진 생명의 나무에서 인류는 정말 자그마한 잔가지 하나에 불과합니다. 진화생물학자 제리 코인은 진화의 역사에서 인류의 위치를 가늠하기 위해 진화의 전 과정을 1년으로 압축해 보길 권합니다. 인간은 언제쯤 등장했을까요? 12월 31일 오전 6시입니다. 지금으로부터 불과 18시간 전에 나타난 존재라는 뜻이지요. 이것이 바로 우리는 누구인가라는 질문에 진화생물학이 내놓은 답변입니다. 우리는 35억 년의 장대한 생명의 역사 끄트머리에서 한 줌도 안 되는 시간을 살고 있는 존재입니다.

생명의 정보가 암호화된 프로그램
: DNA부터 단백질까지

진화생물학의 관점에 따르면 인류는 잔가지에 불과합니

다. 하지만 우리가 누구인지를 또 다른 각도에서 생각해 볼 수도 있습니다. 한마디로 말해 우리는 생명 활동을 수행하는 프로그램의 총체입니다. 우리 몸은 생명 현상을 유지하도록 하는 정보를 저장해 두고 그 정보를 토대로 다양한 생명 프로그램을 가동해 온갖 생명 활동을 수행합니다. 생명 프로그램을 복제하여 자손에게 물려주기도 하지요. 자손에게 물려준 프로그램은 또다시 그 자손을 유지하는 데 쓰이고, 이 과정은 끊임없이 반복됩니다.

우리가 생명 프로그램의 총체라는 게 무슨 뜻인지 좀 더 자세히 살펴볼까요?[2] 컴퓨터 부품을 모두 조립한다고 해도 작동에 필요한 프로그램을 설치하지 않는다면 컴퓨터는 제 기능을 발휘하지 못합니다. 생명체도 마찬가지입니다. 유전 물질을 복제해 후대에 전달하는 복제 프로그램, 복제 프로그램을 받아서 각 신체 부위(컴퓨터로 따지면 하드웨어)를 만드는 발생 프로그램(수정란이 분열하면서 신체 구조를 형성하는 장면을 떠올려 보세요), 그렇게 만들어진 신체로 적절한 기능을 수행하도록 명령하는 생리 및 행동 프로그램 등 복잡한 프로그램들로 이루어져 있지요. 이 중에서 하나라도 제대로 작동하지 않는다면 생명을 영위하는 데 문제가 생깁니다. 놀라운 점은 생명체가 이 모든 프로그램을 스스로 복제한다는 사실입니다. 컴퓨터는 스스로 컴퓨터를 만들지 못하지만 생명체는 가능하지요. 따라서 앞에서 언급한 세부 프로그램들이 한데 모여 자기 복제 프로그램 패키지를 이룬다고 볼 수 있습니다.

자기 복제 프로그램이 암호화된 방식 그리고 프로그램이 실행되어 생명 활동을 유지하는 방법. 세이건이 뉴클레오타이드, DNA, 효소 같은 용어를 쓰면서 설명하는 내용의 핵심이 바로 이것입니다. 컴퓨터 프로그램이 특정한 프로그래밍 언어로 작성되어 하드디스크 같은 물리적 저장 매체에 담기는 것처럼, 모든 생명 프로그램은 염기 서열이라는 언어로 작성되어 DNA라는 물리적 저장 매체에 담깁니다. 이렇게 저장된 정보는 단백질로 이루어진 효소라는 일꾼들을 통해 실제 생명 활동으로 구현됩니다. 복제 프로그램을 실행하여 DNA를 복제하고, 생리 프로그램을 가동하여 생명 유지에 꼭 필요한 단백질을 만드는 식으로 말이지요. 복제부터 발생과 생리까지 생명 활동에 필요한 필수 정보들이 자기 복제 프로그램에 모두 담겨 있는 겁니다. 그렇다면 우리는 누구인가라는 질문에 생명 프로그램의 총체라는 답이 과하지는 않을 겁니다.

생명의 기원: 원시 수프와 열수분출공

우리가 생명 프로그램이라면 그 프로그램을 처음에 작성한 누군가가 존재했다는 뜻일까요? 아니면 단지 어떤 우연한 과정을 통해 최초의 프로그램이 만들어진 걸까요?

생명의 기원 문제는 확실하게 밝혀진 것이 없습니다. 그렇지만 과학자들은 몇 가지 경험적 증거를 바탕으로 다양한 가설을 고안했지요. 앞서 말했듯 세이건은 원시 수프 가설의 옹호자입니다. 이 가설에 따르면 수소, 수증기, 메탄, 암모니아가 풍부했던 원시 지구의 대기가 번개나 자외선에 노출되면서 생명체를 이루는 기본적인 유기 화합물이 만들어졌습니다. 곧이어 그 물질들이 바다나 물웅덩이에 수프처럼 농축되는 과정에서 최초의 생명체가 탄생했습니다.

원시 수프 가설의 경험적 근거는 세이건도 책에서 언급하는 밀러-유리 실험입니다. 때는 1953년, 화학자 해럴드 유리와 스탠리 밀러는 커다란 유리 플라스크에 원시 지구의 것으로 추정되는 대기를 구현했습니다. 그 기체는 바로 암모니아, 메탄, 수소였는데요. 원시 지구의 대기 조성이 현재 목성과 동일할 것이라고 추정한 화학자 알렉산드르 오파린의 견해를 따른 결과였습니다. 플라스크에 대기를 집어 넣은 유리와 밀러는 번개와 같은 효과를 주기 위해 전기 스파크를 일으켰습니다. 결과는 매우 놀라웠습니다. 단백질의 구성 요소인 몇 가지 아미노산이 저절로 만들어 졌던 겁니다! 밀러-유리 실험은 지금도 생명체 기원 연구 분야에서 상징적인 실험으로 회자되곤 합니다.

하지만 실험의 한계도 뚜렷했습니다.[3] 오래된 암석을 조사하니 지구에 메탄, 암모니아, 수소가 풍부했던 적은 없었다고 합니다. 알고 보니 원시 지구의 대기는 주로 이산화탄소와 질소로 목성과 딴판이었던 겁니다. 또 다른 결점도 있습니다. 생명 활동에 필수적인 화학 반응이 일어나려면 수소가 산소와 결합해 물을 형성하는 것과 같은 자발적인 반응이 발생해야 하지만, 원시 수프 속에는 그런 반응을 일으킬 만한 물질들이 없다는 겁니다. 만약 번개나 자외선 때문에 일시적으로 반응이 일어났다고 해도 자발적인 반응이 아니기 때문에 금방 원래대로 돌아갔을 가능성이 높다고 합니다.

그럼 과학자들은 생명체 기원 연구를 포기했을까요? 전혀 그렇지 않습니다. 오늘날 많은 과학자는 바닷속을 주목하고 있습니다. 그것도 그냥 바다가 아닌 깊디깊은 심해에서 굴뚝처럼 뜨거운 기체와 금속 황화물을 뿜어 내는 열수분출공熱水噴出孔, hydrothermal vent에 기대를 걸고 있지요. 세이건이 다큐멘터리를 만들기 직전인 1977년에 열수분출공과 그 근처에서 번성하는 심해 생물들의 존재가 확인되었습니다. 그 후로 1980년대부터 열수분출공에서 생명의 기원을 찾는 연구가 이루어지기 시작했지요. 특히 2000년에 알칼리성 열수분출공이라는 독특한 유형이 발견되면서 열수분출공 가설의 옹호자가 더 많이 늘어났습니다. 알칼리성 열수분출공은 기존에 알려진 열수분출공과 달리 산성이 아닌 알칼리성 물을 내뿜기 때문에 지어진 이름입니다.

과학자들은 무슨 이유로 알칼리성 열수분출공에 열광했던 걸까요? 이 열수분출공의 내부는 작은 방들이 미로처럼 연결된 다공성 구조로 이루어져 있습니다. 따라서 유기 분자들이 흩어지지 않고 각 방에 농축되어 서로 반응할 가능성이 높아지지요. 또 철과 황, 니켈로 이루어진 내부의 벽은 화학 반응에 필요한 에너지를 낮춰 주는 촉매 역할을 합니다. 게다가 심해 지하로부터 수소 기체가 끊임없이 공급되는데, 수소는 바닷물에 녹아 있는 이산화탄소와 결합해 생명에 필수적인 유기 분자를 만드는 결정적 요소입니다. 마지막으로 하나 더. 수소와 이산화탄소를 먹고 메탄을 배출하는 반응은 지구에서 가장 오래된 생명의 물질대사 작용으로 추정되는데요. 알칼리성 열수분출공에서는 실제로 이와 같은 방식으로 생명을 유지하는 메탄 생성균이 발견되었다고 합니다.[4]

물론 열수분출공 역시 아직 가설의 영역입니다. 열수분출공 가설의 열렬한 옹호자로 유명한 생화학자 닉 레인조차 아직 설명되지 못한 부분이 많다고 인정합니다. 먼 옛날 열수분출공에서 일어났을 것이라고 제안된 반응들은 대부분 이론 연구의 결과일 뿐 실험실에서 재현된 것은 극히 소수입니다. 최초의 생명체가 탄생한 곳은 수프일까요, 굴뚝일까요, 아니면 전혀 다른 장소일까요? 세이건의 표현대로 생명 음악의 음표를 조합해 처음으로 생명의 선율을 쓴 작곡가, 혹은 생명 프로그램을 작성한 프로그래머의 정체는 아직 베일에 둘러싸여 있습니다.

우주를 가득 채우는 생명의 음악
: 외계 생명체

기원이야 어찌 되었든 우주에서 적어도 하나의 행성, 즉 지구에서 생명체가 탄생하여 번성했다는 사실은 분명합니다. 그렇다면 외계 행성이나 다른 천체에서도 생명체가 탄생할 수 있다는 뜻 아닐까요? 어쩌면 지금 이 순간에도 어떤 행성들은 생명으로 들끓고 있지 않을까요?

오늘날 과학자들은 어디서 외계 생명체를 찾고 있을까요? 과학자마다 관심을 기울이는 천체는 다르지만, 얼음으로 둘러싸인 바다 위성이 유력한 후보라는 점은 대부분 동의하는 것 같습니다. 목성의 위성 유로파와 토성의 위성 엔셀라두스는 두꺼운 얼음 껍질 아래에 바닷물을 감추고 있습니다. 현재 많은 과학자가 바다 깊숙한 곳에 지구와 비슷한 열수분출공이 있고 그곳에 생명체가 존재할지도 모른다는 기대로 부풀어 있지요. 실제로 유로파 탐사를 목적으로 설계되어 2024년 10월 14일 발사된 행성 간 탐사선 유로파 클리퍼는 2030년쯤 목성의 궤도에 안착해 유로파를 가까이 돌면서 얼음 표면과 내부 바다를 조사할 예정입니다. 또 최근 들어 엔셀라두스의 얼음 껍질 아래로 진입해 바다로 직접 들여보낼 용도로 제작된 뱀 모양 로봇 '외계 생물학 현존 생명체 조사 로봇'EELS이 언론에 모습을 드러내기도 했지요.[5]

앞서 모든 생명 프로그램은 염기 서열이라는 언어로 작성되어 있다고 말씀드렸지요. 놀라운 점은 지구에서 살아가는 모든 생명체의 프로그램이 똑같은 언어로 쓰여 있다는 사실입니다. 이것은 지구의 모든 생물이 하나의 기원에서 유래했음을 알려 주는 단서이지요. 그렇다면 외계 생명체는 어떨까요? 외계 생명체도 우리와 같은 생명의 음악을 연주할까요, 아니면 전혀 다른 선율의 음악을 연주하면서 나름의 고된 삶을 살아가고 있을까요?

외계 생명체가 연주하는 생명의 음악을 알게 되는 순간, 우리는 더욱 근본적인 수준에서 우리 자신에 대해 더 깊이 파악하게 될 겁니다. 똑같은 선율을 연주한다는 사실이 확인된다면 생명 원리의 보편성을 알게 되고, 전혀 다른 선율이 발견된다면 우리의 음악은 더 복잡하고 거대한 다성 음악의 일부임을 알게 될 테니까요. 세이건이 "우리가 지구 생명의 본질을 알려고 노력하고 외계 생물의 존재를 확인하려고 애쓰는 것은 실은 하나의 질문을 해결하기 위한 두 개의 방편이다. 그 질문은 바로 '우리는 과연 누구란 말인가?'이다"라고 말한 것도 그 때문입니다.

"이게 도대체 무슨 뜻이에요?"

개체 individual 생물학에서 개체란 하나의 생물체, 즉 생존을 위해 하나의 단위로 행동하는 존재를 의미합니다.

다세포 생물 multicellular organism 여러 개의 세포로 이루어진 생물을 말합니다. 우리의 눈에 보이는 동식물은 대부분 다세포 생물입니다.

단세포 생물 unicellular organism 말 그대로 단 하나의 세포로 이루어진 생물을 말합니다. 단세포 생물은 대부분 육안으로 관찰되지 않는 미생물입니다. 박테리아(세균), 아메바, 짚신벌레 등이 단세포 생물에 속합니다.

돌연변이 mutation 유전 정보가 저장된 물질인 DNA에 생기는 변화를 돌연변이라고 합니다(DNA에 대한 자세한 내용은 'DNA' 항목을 참고하세요). 돌연변이는 자연적으로 발생할 수도 있지만 인위적으로 유도할 수도 있습니다. DNA가 복제되는

과정에서 드문 확률로 자연 발생하기도 하고(DNA를 만드는 기본 재료인 뉴클레오타이드 100억 개당 하나꼴[6]), 방사선을 쪼이거나 화학 물질 처리를 해서 무작위로 일으키기도 합니다.

미생물 microorganism 육안으로 관찰할 수 없는 매우 작은 생물을 말합니다. 박테리아, 바이러스, 진균(효모, 곰팡이, 버섯을 포함하는 미생물), 조류(김, 다시마) 등이 미생물에 속합니다.

미토콘드리아 mitochondria 세포 속에서 생명 활동에 필요한 대부분의 에너지를 만들어 내는 핵심적인 세포 소기관입니다. **세포 소기관** organelle이란 세포 내부에서 특수한 기능을 수행하는 구조를 말합니다.

바이로이드 viroid 현재까지 알려진 가장 작은 병원체(병을 일으키는 유기체 또는 바이러스)입니다. 단백질 껍질로 둘러싸여 있는 바이러스와 달리 RNA로만 이루어져 있습니다. 지금까지 발견된 바이로이드는 전부 속씨식물(꽃과 열매를 맺는 식물) 속에서 살아가고 대부분 병을 일으킨다고 합니다.

바이러스 virus 살아 있는 세포 속에서 자신을 똑같이 복제하는

감염성 입자를 말합니다. 스스로를 복제하긴 하지만 생물의 주된 특징으로 여겨지는 세포 구조 같은 특징이 없기 때문에 흔히 생물과 무생물의 중간적 존재로 여겨집니다. 그래서 '무세포 생물'이라고 불리기도 합니다. 박테리아(세균)와는 뭐가 다른 걸까요? 복제하며 증식하기 위해 살아 있는 세포를 필요로 하느냐 아니냐가 가장 중요한 기준입니다. 이를테면 대장균은 대장 속에 살면서 영양분만 충분하면 다른 세포들이 없어도 스스로 잘 증식합니다. 반면 바이러스는 영양분이 아무리 많아도 대장균과 같은 살아 있는 세포가 없으면 증식하지 못합니다.

박테리아 bacteria **(세균)** 생물 분류 체계에서 계층이 가장 높은 집단(역 domain) 중 하나로, 단 하나의 세포로만 이루어진 생물입니다. 역에는 박테리아 말고도 **진핵생물** eukaryote 과 **아케아** ar-chaea('고세균'이라고 부르기도 하지만 '세균'과는 전혀 다른 종류이기 때문에 오해의 여지가 있는 명칭입니다)가 있습니다. 흔히 세균이라고 하면 병을 유발하는 부정적인 이미지를 떠올리지만, 인간 몸속에서 공생하며 살아가는 이로운 박테리아도 많습니다.

방사선 radiation 원자핵이 쪼개지거나 양성자가 전자로 바뀌면

서 한 원소가 자발적으로 다른 원소로 바뀌는 과정을 방사성 붕괴라고 합니다(『코스모스』에는 방사능 붕괴로 번역되어 있지만 주로 방사성 붕괴라고 부릅니다). 그리고 이렇게 자발적으로 붕괴하는 원소를 방사성 원소라고 하지요. 방사성 원소는 붕괴하는 과정에서 몇 가지 방식으로 에너지를 방출하는데, 이 에너지를 방사선이라고 합니다. 헬륨 원자핵의 형태로 방출되는 알파선, 전자의 형태로 방출되는 베타선, 빛의 형태로 방출되는 감마선이 있습니다. 방사능은 방사선을 방출할 수 있는 능력을 말합니다. 따라서 방사성 물질은 방사능을 가지고 있다고 표현할 수 있습니다.

변이 variation 동일한 종의 개체들 사이에서 나타나는 차이를 변이라고 합니다. 꽃의 색깔처럼 외형으로 나타나는 차이도 변이에 속하고, 꽃의 색깔을 결정하는 유전자 수준에서의 차이도 변이에 속합니다(이를 특별히 유전 변이라고 부릅니다).

그렇다면 **변종** variant은 어떨까요? 2020년만큼 뉴스에서 변종이란 단어를 많이 접한 시기는 없을 겁니다. 코로나바이러스에서 변이가 생겼다, 변종이 나타났다 같은 문구를 흔히 볼 수 있었지요. 변종은 같은 종의 생물에서 유전 물질의 변이가 누적되다가 성질과 형태가 확연하게 달라진 (그러나 여전히 종은 동일한) 생물을 말합니다. 바이러스를 예로 들어 봅시다. 유전 물질에서 계속 변이가 축적되다가 감염력이나 치사율이 확연하게 달라질 만큼 특성에 차이가 나면 변종이 생겨난 것입니다.

병원체 pathogen 병을 일으키는 유기체 또는 바이러스를 말합니다.

산화력 oxidizing power 물질을 산화시키는 능력의 정도를 나타내는 말입니다. 일단 산화가 뭔지 알아야겠지요? **산화** oxidation 란 어떤 물질의 원자 또는 분자로부터 전자를 '뺏는' 것을 말합니다(반대로 전자를 '주는' 것은 **환원** reduction이라고 합니다). 『코스모스』에는 산소가 근본적으로 독이나 다름없다고 쓰여 있는데요. 산소는 산화력이 강해서 상대 물질로부터 전자를 뺏기 때문에 그렇습니다.

생태학적 지위 ecological niche 어떤 생물체가 생물 공동체 속에서 차지하는 위치 또는 역할을 말합니다. 단순히 생물체가 살아가는 서식지만을 가리키지 않고 어떤 먹이를 먹으며 어떤 방식으로 살아가는지까지 포함하는 광범위한 개념이지요. 예를

들어 같은 나무에서 사는 경우에도 잎을 먹는 생물과 수액을 먹는 생물은 생태학적 지위가 다릅니다.

신진대사 metabolism 생명체가 외부에서 섭취한 영양물질을 분해하고, 그로부터 생명 활동에 필요한 물질이나 에너지를 생성하고, 필요하지 않은 물질을 몸 밖으로 내보내는 모든 작용을 통틀어 신진대사라고 부릅니다(줄여서 그냥 '대사'라고 하거나 '물질대사'라고 부르기도 합니다).

영장류 primates 생물 분류 체계에 따라 포유류 중 영장목에 속하는 생물을 말합니다. 대부분 나무 위에서 살아가고 손놀림이 정교하며 다른 포유류에 비해 뇌가 크다는 특징이 있습니다. 여우원숭이, 안경원숭이, 유인원 등이 영장류에 속합니다. 유인원은 영장류의 한 종류로 꼬리가 없는 것이 특징이고 오랑우탄, 고릴라, 침팬지 그리고 사람을 포함합니다.

우주선 cosmic ray 우주로 날아가는 탈것도 우주선船이지만, 이 우주선의 '선'線은 광선의 '선'과 같습니다. 우주선은 빛의 속도에 가깝게 우주 공간을 날아다니는 입자(전자나 양성자 또는 원자핵)를 말합니다. 대부분 에너지가 높아서 생명에 유해한

데, 다행히도 지구를 둘러싼 자기장이 우주선으로부터 우리를 보호해 줍니다.

원자 atom 모든 물질은 원자로 이루어져 있다는 말을 들어 보셨을 겁니다. 서로 결합하여 모든 물질을 구성하고 다양한 화학적 성질을 만들어 내는 기본 단위를 원자라고 합니다. 그럼 원자는 무엇으로 이루어져 있을까요? 원자의 중심에는 양전하를 띠는 **양성자** proton와 전기적으로 중성인 **중성자** neutron로 이루어진 **원자핵** atomic nucleus이 있습니다. 그 주위에 음전하를 띠는 **전자** electron가 분포해 있지요. 그리고 원자가 다른 원자와 결합한 것을 **분자** molecule라고 합니다.

원핵세포 prokaryotic cell 세포 속에 유전 물질을 보호하는 핵이 없는 세포를 말합니다. DNA와 같은 유전 물질이 핵에 들어 있지 않고 그냥 세포 안에 풀려 있지요. 원핵세포로 이루어진 생물을 **원핵생물** prokaryote이라고 부릅니다. 반대로 세포핵이 있고 유전 물질이 핵 안에 담겨 있는 세포를 **진핵세포** eukaryotic cell, 그런 세포로 이루어진 생물을 진핵생물이라고 합니다.

유기 화합물 organic compound 생물체의 몸을 이루거나 생물체가

만들어 내는 탄소 화합물을 통틀어 유기 화합물이라고 부릅니다. '생물체와 긴밀하게 관련되는' 탄소 화합물이라는 점이 핵심입니다. 예를 들어 이산화탄소는 탄소 화합물이긴 하지만 대체로 생물체와 무관하게 존재하므로 유기 화합물이라고 하지 않습니다. 한편 유기 화합물로 이루어진 물질은 **유기물**organic matter이라고 부릅니다.

유전자gene　유전자와 DNA 같은 단어를 처음 들어 보신 분은 없을 겁니다. 생물학 교양 도서를 읽다 보면 DNA, 유전자, 염색체, 유전체, 뉴클레오타이드, 염기 서열 같은 알쏭달쏭한 용어가 쏟아집니다. 이번 기회에 하나하나 천천히 살펴봅시다.

　　본문에서 DNA는 생명 프로그램이 암호화된 물리적 저장 매체라고 했습니다. 컴퓨터 하드디스크에 비유했지요. 이번에는 편의상 다른 비유를 사용하여 설명하겠습니다.[7] DNA는 우리 몸을 만드는 방법이 적힌 설명서의 물질적 실체라고 말할 수 있습니다. DNA 항목에 더 자세히 설명해 놓았지만, 염기라는 알파벳 네 가지 조합으로 정보가 작성된다는 점에서 잉크라고 볼 수도 있고, 정보가 담긴 물질 자체라는 점에서 설명서의 종이라고 볼 수도 있지요. 이렇게 DNA는 유전 정보가 담긴 물질이라는 뜻에서 유전 물질이라고 부르기도 합니다.

우리 몸 설명서는 DNA가 특정한 방식으로 엮여 만들어집니다. 이때 설명서 각 권을 **염색체**chromosome라고 부릅니다(처음에 발견되었을 때 염료로 쉽게 염색되기 때문에 붙은 이름입니다). 인간에게는 총 23쌍의 염색체가 있다는 말, 들어 보셨지요? 모양과 크기가 똑같은 두 염색체가 23쌍을 이루고 있습니다. 우리에게는 서로 대응되어 한 세트를 이루는 설명서 두 권이 총 23세트 있는 셈입니다. 한 세트에서 한 권은 어머니에게서 온 것이고 다른 한 권은 아버지에게서 온 것이지요. 우리 몸을 이루고 있는 세포 속에는 핵이라는 공간이 있는데요. 23세트의 염색체가 모두 핵이라는 책장 속에 고이 모셔져 있답니다. 이 염색체가 쪼개지고 복제되고 하면서 번식을 통해 자손에게 전달된다고 보시면 됩니다.

염색체가 한 권의 설명서라면 유전자는 각 설명서를 구성하는 페이지와 같습니다. 여기서 잠깐. 유전자를 제대로 이해하려면 이와 관련된 두 가지 개념을 먼저 살펴보는 것이 좋습니다. 바로 **표현형**genotype과 **유전자형**phenotype입니다. 우선 생물체의 밖으로 드러나는 성질을 표현형이라고 합니다. 예를 들어 꽃의 색깔이나 비버가 댐을 짓는 행동이 모두 표현형입니다. 표현형은 환경의 영향도 받지만 어떤 성질인지에 따라 유전적 영향을 받기도 합니다. 표현형을 겉으로 드러내는 다양한 원인 중에서 유전적 원인을 콕 집어 유전자형, 혹은 다른 말로 유전 형질이라고 부릅니다.

이제 유전자가 등장할 차례입니다! 유전자는 각 유전자형을 구성하는 단위를 말합니다. 아직 어려우니 예를 들어 보겠습니다. 머리카락 색깔은 밖으로 드러난 성질이니 표현형입니다. 논의를 단순화하기 위해 이 표현형이 오직 유전적 원인, 즉 유전자형에 의해서만 결정된다고 가정합시다. 책의 비유로 돌아가면, 유전자형은 다양한 페이지의 조합으로 결정됩니다. 예를 들어 총 46권의 설명서 중에서 제3권의 26페이지, 제7권의 12페이지, 제26권의 173페이지가 머리카락 색깔을 결정한다고 해 봅시다. 이때 유전자형을 이루는 각 페이지, 즉 단위 하나하나가 바로 유전자입니다. 다시 말해 유전자형은 유전자의 조합으로 결정됩니다. 정리하자면 설명서의 낱장인 유전자들이 모여 특정한 유전자형을 이루고, 유전자형은 겉으로 발현되어 표현형을 만들어 냅니다.

마지막은 **유전체**genome입니다. 이건 어렵지 않습니다. 책장에 꽂힌 모든 설명서를 통틀어 유전체라고 부릅니다. 생물체가 지닌 모든 생명 정보의 총체이지요. 인간 게놈 프로젝트라는 말을 들어 보신 적이 있을 겁니다. 여기서 '게놈'이 바로 유전체입니다. 인간 게놈 프로젝트는 인간의 염색체 23쌍에 담긴 모든 정보를 읽어 내는 기념비적인 프로젝트였습니다(물론 정보를 읽는 것과 그 정보의 의미를 파악하는 건 전혀 다른 작업이지만 그래도 대단한 성취임은 분명합니다).

전기 방전 electric discharge 전기를 가진 물체에서 전기가 밖으로 흘러나오는 현상을 말합니다. 번개도 전기 방전의 한 사례입니다. 구름에 있던 전기가 지표면으로 이동하면서 번개 현상이 나타나지요.

조류 algae 주로 물속에서 살며 광합성을 하고 포자로 번식하는 특징을 가진 생물입니다. 녹조류(파래, 매생이), 갈조류(다시마, 미역), 홍조류(김, 우뭇가사리) 등이 여기에 속합니다.

진화 evolution 제2장 본문에서 진화론에 대해 설명하긴 했지만, 여기서 좀 더 체계적으로 정리해 볼까 합니다. 현대 진화론의 요지는 한 문장으로 요약됩니다. "지구의 모든 생명체는 35억 년 전에 살았던 하나의 원시종에서 나타났고, 그로부터 오랜 세월이 지나면서 다양한 종이 가지 치듯 생겨났으며, 이러한 진화적 변화는 대부분 자연 선택에 의해 이루어졌다." 진화생물학자 제리 코인은 진화론 입문서 『지울 수 없는 흔적』에서

현대 진화론의 요지를 다섯 가지 키워드로 쪼개 설명합니다.●
우리도 코인의 흐름을 따라가도록 합시다. 이번 항목을 마지막
까지 읽으시면 현대 진화론의 핵심이 담긴 위의 문장을 잘 이
해하게 될 겁니다.

첫째, **진화**: 세월이 흐르면서 한 종이 '유전적 변화'를 겪
는다는 개념입니다. 다시 말해 수많은 세대를 거치면서 한 종
이 다른 종으로 변화할 수 있고, 그러한 차이가 생기는 원인은
유전 물질인 DNA의 변화이며, DNA의 변화는 돌연변이에 의한
것이라는 뜻입니다(DNA와 돌연변이는 각 항목에서 자세히 설
명해 놓았습니다).

둘째, **점진주의**gradualism: 거대한 진화적 변화(가령 파충
류에서 조류로의 변화)가 일어나려면 엄청난 시간이 필요하다
는 개념입니다. 수백이나 수천 세대, 심지어 수백만 세대가 걸
릴 때도 있지요. 예를 들어 조류는 파충류가 생겨난 지 1억 년
뒤에야 나타났습니다. 물론 모든 생물 종이 항상 똑같은 속도
로 진화하는 건 아닙니다. 갑자기 환경이 새롭게 바뀔 때는 진
화의 속도가 빨라지기도 합니다.

셋째, **종 분화**speciation: 한 생물체가 별개의 두 종으로 갈
라지는 현상을 종 분화라고 합니다. 예를 들어 보겠습니다. 언
젠가 생명의 나무에서 한 마디가 둘로 갈라져서 한쪽으로는 도

● 『지울 수 없는 흔적』, 27-41쪽. 사실 제리 코인이 설명하는 키워드는 총
여섯 가지이지만 논의를 너무 복잡하게 하지 않기 위해 다섯 가지만 소개
하려 합니다.

마뱀과 뱀 같은 현대 파충류로 이어지고 다른 한쪽으로는 공룡과 현대 조류로 이어지는 일이 생겼습니다. 이렇게 마디에 해당하는 생물체가 다른 두 종으로 갈라지는 것을 종 분화라고 합니다. 종 분화는 왜 생기는 걸까요? 대체로 극심한 환경 변화 때문입니다. 한 생물체가 어떤 이유로든 두 집단으로 갈라졌고 두 집단이 완전히 다른 환경에 놓이게 되었다고 상상해 봅시다. 이렇게 두 집단으로 나뉜 생물체는 오랜 세월 동안 서로 다른 유전적 변화를 축적한 끝에 결국 서로 교배하지 못하는 상태에 놓이게 됩니다. 원래는 같았던 종이 별개의 두 종으로 갈라진 것이지요.

넷째, **공통 조상**common ancestor: 공통 조상은 종 분화와 관련된 개념입니다. 앞에서 한 생물체가 두 종으로 갈라질 수 있다고 했지요? 그렇게 갈라진 마디에 해당하는 생물체를 두 종의 공통 조상이라고 부릅니다.

다섯째, **자연 선택**natural selection: 같은 종의 개체 중 유전 변이가 생겨서(즉 돌연변이가 일어나서) 겉으로 드러난 특징(외형이나 행동)이 바뀌었다고 해 봅시다. 그런데 이러한 차이가 마침 생물체가 놓인 환경에서 생존 경쟁과 번식 능력에 이로운 영향을 미친다면 어떻게 될까요? 환경에 적합한 유전자를 갖게 된 개체가 살아남아 그 유전자를 후대에 물려줄 확률이 높아지지 않을까요? 세월이 많이 흐르면 결국 환경에 적합한 변이를 가진 개체만 남고 그렇지 않은 개체는 사라질 겁니다. 이러한 과정을 개체가 환경에 **적응**adaptation하는 과정이라고 부릅니다. 그리고 생물체가 이와 같은 방식으로 환경에 적응하면서 진화적 변화가 이루어진다는 개념을 자연 선택이라고 합니다. 진화적 변화의 방향과 흐름을 자연(환경)이 '선택'하는 셈이지요.

자, 이제 이 항목 설명의 처음에 읽었던 문장을 다시 읽어 봅시다. "지구의 모든 생명체는 35억 년 전에 살았던 하나의 원시종에서 나타났고, 그로부터 오랜 세월이 지나면서 다양한 종이 가지 치듯 생겨났으며, 이러한 진화적 변화는 대부분 자연 선택에 의해 이루어졌다." 다시 말해 우리는 모두 하나의 공통 조상에서 출발해 점진적으로 자연 선택을 통한 진화적 변화를 거쳐 종 분화한 끝에 생겨난 생물체입니다. 이것이 바로 현대 진화론의 핵심입니다.

탄수화물carbohydrate 탄소, 수소, 산소 원자로 이루어진 화합물을 말합니다. 생물체의 구성 성분과 에너지원으로 사용되는 대표적인 유기 화합물입니다.

편광 polarized light 빛은 전기장과 자기장이 함께 진동하면서 나아가는 전자기 파동으로 볼 수 있습니다. 우리가 일상에서 마주치는 빛은 대부분 전기장과 자기장이 온갖 방향으로 진동하는 파동으로 이루어져 있습니다. 그런데 이 두 장이 일정한 방향으로만 진동하며 파동을 만들 때가 있습니다. 그와 같은 빛을 '한 방향으로 치우친 빛'이라는 뜻에서 편광이라고 합니다.

폐어 lungfish 4억 년 전 최초로 출현해 지금까지 생존하고 있는 어류 종입니다. 물속에서는 아가미로 호흡하지만 물 밖에서도 호흡이 가능해 수중과 육상에서 동시에 서식할 수 있습니다. 오늘날은 불과 여섯 종만 존재한다고 알려져 '살아 있는 화석'으로 불립니다.

해리 dissociation 분자가 쪼개져서 원자나 이온이 되는 과정을 말합니다. **이온** ion은 뭐냐고요? 보통의 원자와 분자는 전기적으로 중성을 띕니다. 아무런 전기적 성질이 없는 상태이지요. 그런데 전자를 잃거나 얻어서 전기를 띠게 될 때가 있습니다. 이렇게 전기를 띠게 된 원자와 분자를 이온이라고 합니다.

형질 trait 특징 character과 섞어 쓰기도 하지만 유전학에서는 엄

밀하게 구분하는 용어입니다. 우선 특징부터 살펴볼까요? 꽃을 예로 들어 봅시다. 꽃에는 색깔이라는 특성이 있습니다. 그런데 같은 종의 꽃이라고 해도 색깔이 서로 다를 수 있지요. 모든 특성이 유전되는 건 아니지만, 색깔은 유전이 된다고 해 봅시다. 이렇게 색깔처럼 '동일한 종의 개체마다 차이가 날 수 있는 유전 가능한 특성'을 특징이라고 합니다.

그렇다면 형질은 어떨까요? 다시 꽃을 예로 들어 보겠습니다. 동일한 종이라고 해도 색깔이 다를 수 있다고 했지요? 꽃이 보라색 아니면 흰색일 수 있다고 합시다. 이렇게 보라색 또는 흰색처럼 한 가지 특징(색깔)에 대한 각각의 변이를 형질이라고 부릅니다. 특징과 형질은 외형으로 나타날 수도 있고 행동으로 드러날 수도 있습니다.

DNA '유전자' 용어 설명에서 DNA가 우리 몸을 만드는 설명서의 물질적 실체라고 했지요('유전자' 항목을 아직 안 읽으신 분은 먼저 읽고 오시길 권합니다!). 유전 현상을 제대로 이해하려면 DNA라는 물질이 과연 무엇인지 또 어떤 정보를 담고 있는지 살펴봐야 합니다.

이름의 뜻부터 풀이해 봅시다. DNA는 **디옥시리보 핵산**De-oxyribonucleic acid의 줄임말입니다. 벌써부터 불안한 눈빛이 느꺼지는 듯하지만 찬찬히 살펴보면 되니 걱정하지 마세요. '디옥시'는 산소oxy가 없다de는 뜻입니다. '리보'ribo는 탄소 다섯 개로 이루어진 당(종류는 다르지만 포도당, 설탕 할 때 그 당입니다)인 '리보스'ribose를 의미합니다. **핵산**nucleic acid은 DNA와 RNA를 통칭하는 말인데요. 처음에 발견될 당시 세포핵에서 나온 물질이자 산성을 띠고 있어서 핵산이라는 이름이 붙었습니다. 정리하자면 DNA는 '리보스로 이루어져 있고 산소가 없는 핵산'이라는 뜻입니다. 자, 말로만 설명하면 어려우니 그림을 보겠습니다.

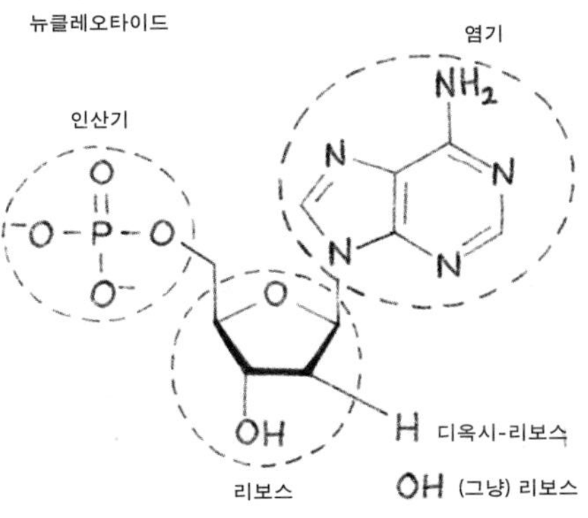

이 그림은 핵산의 기본 블록인 **뉴클레오타이드**nucleotide의 구조입니다. 이 블록이 엄청나게 많이 쌓여서 DNA와 RNA를

이루지요. 앞에서 디옥시는 산소가 없다는 뜻이라고 했습니다. 어디에 산소가 없다는 걸까요? 리보스 오른쪽 아래를 봅시다. 원래 산소와 수소(OH)가 달려 있던 이곳에서 산소(O)가 없어졌다는 뜻입니다! 산소가 없어져서 H만 남으면 디옥시-리보스, 산소가 그대로 달려 있으면 그냥 리보스라고 부릅니다. 요컨대 DNA는 리보스라는 당에서 산소가 하나 없어진 뉴클레오타이드로 만들어진 물질입니다.

다른 부분도 볼까요? **인산기**는 '인(P)과 산소(O)가 있는 부분'을 가리킵니다. 뉴클레오타이드가 서로 붙어서 DNA를 구성할 때 인산기를 통해 접착된다고 보시면 됩니다.

우리가 더 자세히 살펴볼 부분은 **염기**base입니다(핵산을 구성하는 염기라는 뜻에서 핵염기라고도 합니다). DNA의 염기는 총 네 종류, 즉 시토신Cytosine, 구아닌Guanine, 아데닌Adenine, 티민Thymine이 있는데요. 물론 시험을 보는 게 아니니 암기하실 필요는 없습니다. 중요한 점은 뉴클레오타이드가 결합해 DNA를 이룰 때 네 종류의 염기가 나열되면서 유전 정보가 담긴다는 겁니다! 프로그래밍 언어로 프로그램을 코딩하거나 알파벳을 조합해 설명서를 쓰는 것과 비슷합니다. 이렇게 네 종류의 염기(C, G, A, T)가 나열된 것을 **염기 서열**nucleic sequence이라고 부릅니다. 우리의 유전 정보가 염기 서열의 형태로 코딩되어 있는 것이지요.

뉴클레오타이드는 어떻게 모여서 DNA를 구성하는 걸까요? 다음 그림을 보면서 설명하겠습니다.

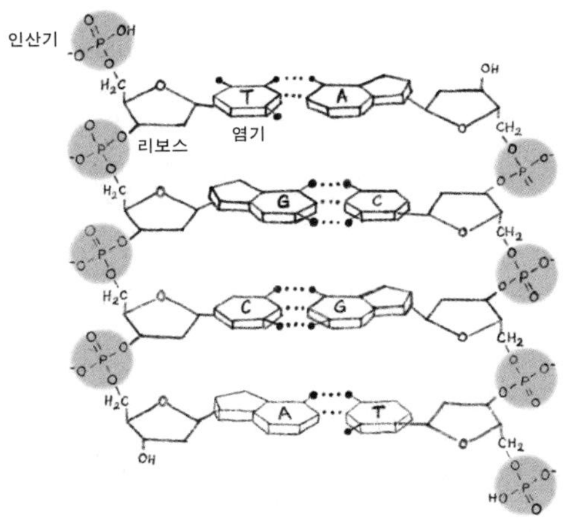

앞에서 설명한 네 염기가 한 쌍(T-A, G-C)씩 짝을 이루면서 뉴클레오타이드 두 개가 결합됩니다. 그렇게 만들어진 뉴클레오타이드 세트가 인산기를 통해 위아래로 붙으면서 DNA의 구조를 만들어 냅니다. 이게 그 유명한 **이중 나선**double helix 구조입니다.

그런데 이게 뭐가 그리 중요하다고 여기서 길게 설명하는 걸까요? 다른 중요한 이유도 많지만 무엇보다 DNA에 저장된 정보가 **단백질**protein을 만드는 데 사용되기 때문입니다. 단백질은 대부분의 생명 기능을 수행하는 데 꼭 필요한 요소입니다. 단백질은 스무 가지 **아미노산**amino acid 분자가 길게 연결되어 만들어지는데, 이 모든 아미노산의 설계도가 DNA에 들어 있습니다. 뉴클레오타이드의 염기 서열이 CAG면 글루타민이라는 아미노산을, CGA면 아르지닌이라는 아미노산을 만든다는 식이지요. 모든 아미노산이 이렇게 세 가지 염기로 표현되고, 이 염기 암호를 **코돈**codon이라고 부릅니다. 정말 프로그래밍 언어 같지요? 이렇게 만들어진 아미노산이 길게 붙어서 생명 유지의 핵심 기능을 수행하는 다양한 단백질이 만들어집니다. 그리고 DNA에서 단백질이 만들어지는 과정(단백질 합성 과정)을 **유전자 발현**gene expression이라고 부릅니다.

앞에서 잠깐 언급한 RNA를 기억하시나요? 세이건도 두 번째 장에서 RNA 중 하나인 전령 RNA를 언급하고 있지요. (전달자 RNA로 번역된 messenger RNA는 줄여서 mRNA로 부르거나 전령 RNA라고 번역되기도 합니다. 『코스모스』에서는 전달자 RNA라고 쓰지만 전령 RNA가 더 자주 쓰이므로 전령 RNA라고 부르겠습니다.) DNA의 유전 정보가 단백질로 구현되는 과정에 이 **전령 RNA**가 개입합니다.

RNA는 **리보 핵산**Ribonucleic acid의 줄임말인데요. 잠깐, '리

보'라니 어디서 들어본 적 없으신가요? 앞에서 DNA(디옥시리보 핵산)를 설명할 때 '디옥시리보'는 리보스라는 당에서 산소가 빠진 것이라고 말씀드렸습니다. RNA는 그냥 리보 핵산, 즉 산소가 빠지지 않은 리보스로 이루어진 핵산입니다. RNA에는 여러 종류가 있지만 여기서는 전령 RNA에 대해서만 설명하겠습니다.

우선 세포핵 안에 있는 DNA 이중 나선에 담긴 정보가 전령 RNA로 합성됩니다(이 RNA는 이중 나선이 아닌 한 가닥짜리 구조로 이루어져 있습니다). 이 과정을 **전사** transcription라고 하지요. 휴, 말이 좀 어렵습니다. 전사는 글이나 그림을 베낀다는 뜻인데요. DNA와 전령 RNA에 담긴 유전 정보가 똑같기 때문에 모든 정보가 전령 RNA라는 형태로 '그대로 복사'된다는 뜻에서 전사라고 부릅니다.

이렇게 DNA에서 합성된 전령 RNA는 핵에서 빠져나와 각종 화학 반응을 돕는 효소를 만드는 데 사용됩니다. 효소도 아미노산으로 이루어진 단백질입니다. 앞에서 뉴클레오타이드 염기 서열이 아미노산의 설계도라고 말씀드렸지요? 전령 RNA에 담긴 정보가 염기 서열 설계도에 따라 아미노산을 만들고 이 아미노산이 모여 효소가 만들어집니다. 이처럼 RNA의 정보가 단백질로 구현되는 과정을 **번역** translation이라고 합니다.

　DNA의 정보가 RNA로 옮겨지는 과정은 전사인데 왜 여기서는 번역이라고 부를까요? 단순히 정보가 복사되는 게 아니라 암호(코돈)를 통해 아미노산이라는 물질로 구현되기 때문입니다. 마치 한 언어를 다른 언어로 번역할 때처럼요. 이렇게 'DNA → 전사 → 전령 RNA → 번역 → 단백질' 과정을 거쳐서 DNA의 정보가 단백질로 구현되는 겁니다.

　마지막으로 한 가지 짚고 넘어갈 점이 있습니다(거의 다 끝났습니다!). DNA의 정보는 단백질을 구현하는 데 쓰인다고 했지요. 그런데 이걸 다 '누가' 하는 걸까요? DNA가 알아서 척척 하는 걸까요? DNA는 단순히 유전 정보가 담긴 물질일 뿐입니다. 정보만 있으면 아무런 일도 일어나지 않습니다. 전사와 번역을 수행하는 주체는 위에서 말한 효소입니다! DNA로 전령 RNA를 만들고(전사), 전령 RNA로 단백질을 만드는(번역) 충실한 일꾼인 셈이지요. DNA를 복제하는 작업도 효소가 담당합니다. 흔히 DNA의 유전 정보와 복제에 대해 이야기할 때 DNA만 중요하게 언급하는 경향이 있지만, 실제로는 DNA만 있으면 아무런 일도 일어나지 않습니다. 효소 없는 DNA는 공허할 뿐입니다.

DNA 중합 효소 DNA polymerase　DNA를 복제하는 과정에 중요

하게 관여하는 효소입니다(『코스모스』에는 DNA 중합체 효소라고 번역되었지만 'DNA 중합 효소'라고 불릴 때가 더 많습니다). 놀라운 점은 이 효소가 DNA를 복제하는 과정에서 발생하는 오류를 자체적으로 수선하는 기능을 갖고 있다는 겁니다. DNA를 복제할 때 10만 번 중 한 번꼴로 실수가 일어나는데요(예를 들어 G와 C를 연결해야 하는데 G와 T를 연결하는 실수). "이 정도는 실수할 수 있지" 하고 생각하실 수 있지만, 인간의 DNA 염기 서열이 대략 30억 개라는 점을 고려하면 복제 과정에서 평균적으로 상당히 많은 오류가 발생한다는 말이 됩니다. 다행히도 DNA 중합 효소는 자체적으로 오류를 인식해서 오류를 제거하고 새롭게 DNA를 만드는 능력을 갖추고 있습니다. 정말 다행이지요? 수선 과정을 거치면 '10만 번 중 한 번꼴'로 일어나던 실수가 '100억 번 중 한 번꼴'로 줄어든다고 합니다.[8] 이 오류가 유전자에 생길 때 바로 돌연변이가 일어납니다.

3장

과학이란 무엇인가?

지상과 천상의 하모니

여러분이 『코스모스』를 읽기로 한 이유가 궁금합니다. 많은 사람들이 추천하는 과학 책이라서일 수도 있고, 특히 천문학이 궁금해서일 수도 있겠습니다. 이유야 어떻든 서점에서 이 책을 집어 드셨다면 과학에 관심이 있다는 뜻이겠지요. 그렇다면 과학이 무엇인지 생각해 본 적 있나요? 과학자는 뭔가 대단한 일을 하는 것 같고 과학 지식이라고 하면 유독 엄청난 권위를 갖는데, 과학이 도대체 뭐길래 그런 걸까요?

과학이면 과학이지, 갑자기 왜 이런 걸 묻냐고 의아해하시는 분들이 있을지도 모르겠습니다. 하지만 저는 이 질문이 『코스모스』 세 번째 장을 꿰뚫는 핵심이자 누구나 한 번쯤 짚어 볼 문제라고 생각합니다. 세이건은 이번 장에서 천문학의 역사에 초점을 맞춥니다. 점성술의 기원에서 출발해 요하네스 케플러와 아이작 뉴턴의 업적을 살펴보며 끝을 맺지요. 첫 번째 장에서도 살펴봤지만, 세이건은 단순히 흥미롭다는 이유로만 역사를 언급하지 않습니다. 그가 특별한 역사적 사건이나 인물을 집중 조명할 때면 그 이면에 특정한 견해가 숨어 있기 마련입니다.

세이건은 왜 점성술 이야기로 운을 뗀 다음 케플러와 뉴턴의 과학적 성과로 끝을 맺는 걸까요? 천문학의 탄생과 관련된 흥미로운 역사라는 것도 한 가지 이유겠지만, 제 생각에 더 핵심적인 이유는 과학이란 무엇인가에 대한 세이건의 관점과 연결되어 있습니다. 무엇을 정의하는 좋은 방법 중 하나는 '무엇이 아닌 것'과 대비하는 것입니다. 과학이 아닌 것의 대표적인 사례로 점성술을 살펴보고 과학인 것의 대표적인 사례로 케플러와 뉴턴의 업적을 살펴보는 것. 바로 이것이 과학에 대한 자신의 정의를 독자에게 설득하기 위해 세이건이 채택한 전략입니다.

　점성술에 대한 세이건의 평가는 호의적이지 않습니다. 아니 적대적이라고 해야 더 적절하겠습니다. 일찍이 인류는 하늘에서 해와 달과 별의 움직임을 관측해 농사 절기나 이주 시기 예측에 활용했습니다. 세이건은 이를 경험 법칙에 바탕을 둔 건전한 과학적 활동이라고 봅니다. 하지만 그의 말에 따르면 어느 순간부터 갑자기 천체들의 신적인 속성이 지상에 신비로운 영향을 미친다는 식의 미신이 판을 치기 시작했습니다. 바야흐로 점성술이 탄생한 것입니다. 그럼에도 케플러와 뉴턴 같은 위대한 과학자 덕분에 진정한 과학인 천문학이 사이비 과학인 점성술에서 분리되기 시작했습니다. 이처럼 이성이 미신과 싸워 결국 승리를 거머쥐었다는 것이 점성술과 천문학에 대한 세이건의 역사적 평가입니다.

　현대인들도 대부분 천문학은 과학이고 점성술은 사이비 과학이라는 구분을 당연하게 생각합니다. 그런데 구체적으로 어떤 기준에서 둘을 구분할 수 있는지 따져 보면 문제가 그리 간단하지 않습니다. 우선 세이건은 과학이 뭐라고 생각하는지 살펴볼까요?

16~17세기에 활동한 독일의 천문학자 요하네스 케플러는 그의 최대 업적으로 여겨지는 행성 운동 법칙으로 유명합니다. 총 세 가지 법칙으로 이루어져 있고 『코스모스』에서 모두 설명하고 있지요. 세이건이 특히 강조하는 것은 첫 번째 법칙인 타원 궤도 법칙입니다. 그때까지 모든 천문학자는 행성의 궤도를 전부 원이라고 생각했습니다. 원이 완벽한 모양이라는 믿음이 오랫동안 뿌리박혀 있었고, 원 이외의 다른 도형을 생각할 이유가 딱히 없었거든요. 케플러도 처음에는 마찬가지였습니다. 하지만 오랜 세월 동안 무수히 많은 화성 궤도 관측 데이터를 분석한 끝에 화성이 타원을 그리며 태양 주위를 돈다는 사실을 받아들이게 되었습니다. 세이건은 이 사례를 두고 기존의 이론과 일치하지 않더라도 경험적 증거를 인정하는 영웅적인 태도라고 추켜세웁니다. 더 나아가 케플러가 행성 운동의 원인을 자기력과 비슷한 힘으로 설명하려 한 시도를 두고는 인류 최초로 행성 운동에 대한 설명에서 신비주의를 배제했다고 선언합니다.

세이건의 서사 속에서 케플러가 남긴 바통은 17세기 말 아이작 뉴턴에게로 이어집니다. 뉴턴은 케플러의 행성

운동 법칙을 바탕으로 모든 행성이 태양 주위를 공전하며 받는 힘을 정량적으로 추론해 냅니다. 더 나아가 이 힘이 행성뿐 아니라 질량을 가진 모든 물체에 적용된다고 주장하지요. 바로 이 주장이 우리가 만유인력의 법칙(혹은 보편중력의 법칙)이라고 부르는 법칙입니다. 놀랍게도 물체들 사이에 만유인력이 작용한다고 가정하면 케플러의 세 가지 법칙을 유도할 수 있습니다. 케플러가 경험에서 추출한 법칙이 더 이론적이고 적용 범위가 넓은 뉴턴의 법칙으로 통합된 것입니다.

바로 이 지점에서 세이건이 케플러와 뉴턴을 과학의 영웅으로 소환하는 이유가 분명해집니다. 세이건은 두 영웅의 업적을 통해 과학 또는 과학 특유의 방법론이 지닌 특징을 규정했다고 볼 수 있습니다. 이를 정리하면 이렇습니다. 첫째, 전통적인 이론과 일치하지 않는 관측 데이터가 나오더라도 그 값을 받아들이고 기존의 이론을 포기하는 태도(원 궤도를 포기하고 타원 궤도를 받아들인 케플러). 둘째, 초자연적인 요소가 아닌 자연적인 메커니즘을 통해 원인을 설명하려는 시도(케플러의 자기력과 뉴턴의 중력). 셋째, 더욱 보편적인 현상에 적용되는 자연 법칙(특히 수학으로 표현되는 법칙)을 찾아내는 경향(케플러의 법칙을 포괄하는 만유인력 법칙). 세이건이 이번 장에서 궁극적으로 전달하고자 하는 메시지는 바로 이러한 과학의 특징, 혹은 과학을 과학이 아닌 것과 구분하는 기준입니다. 여러분은 어떻게 생각하시나요? 세이건의 기준에 동의하시나요?

과학과 사이비 과학을 가르는 기준
: 구획 문제

만일 세이건의 말처럼 케플러와 뉴턴의 연구는 과학이고 점성술은 사이비 과학이라면 방금 살펴본 기준으로 과학과 사이비 과학을 구분할 수 있어야 할 겁니다. 이렇게 어떤 것이 과학인가 아닌가를 가르는 문제를 과학철학자들은 구획 문제라고 부릅니다. 과학철학이라는 용어가 생소하신 분들도 있을 겁니다. 특정한 과학 분야에 초점을 맞추기보다는 구획 문제처럼 일반적이고 근본적인 수준에서 과학에 대해 논의하는 학문을 과학철학이라고 합니다. 과학적 방법과 과학적 설명의 본질이 무엇인지 탐구하는 것이 이 학문의 주된 주제 중 하나지요. 자, 이제 세이건이 제시한 기준을 하나씩 따져 볼까요?

첫 번째 기준은 관측에 맞지 않으면 이론을 포기하는

태도입니다. 이는 과학철학자들이 반증주의라고 부르는 것과 비슷합니다. 흔히 과학철학자 칼 포퍼의 입장으로 대표되는, 많은 과학자가 공감하는 견해이지요. 반증주의는 반증이 가능한 가설을 제시한 후 경험적 시험을 통해 반증이 되면 가차 없이 가설을 폐기하는 과학적 방법입니다. 케플러가 관측 데이터를 분석한 끝에 기존의 원 궤도를 버린 사례와 잘 어울리는 것처럼 보입니다.

그런데 문제는 과학자들이 반증주의대로 행동하지 않는 역사적 사례가 너무도 많다는 겁니다. 심지어 세이건이 영웅으로 추대한 뉴턴 본인도 반증 사례를 무시하고 자신의 이론을 고집한 적이 있습니다. 『자연철학의 수학적 원리』라는 기념비적인 저작을 집필하던 때였습니다. 뉴턴은 만유인력 법칙으로 행성의 움직임을 성공적으로 계산해 냈지만, 아무리 열심히 계산해도 달의 공전 주기를 실제 관측 주기와 일치시킬 수 없었습니다. 그래서 뉴턴이 자신의 이론을 포기했을까요? 결코 그렇지 않습니다. 뉴턴은 만유인력 법칙을 수정하기는커녕 끝까지 자신의 이론을 고수했습니다. 그리고 훗날 추가적인 가설을 도입해 달의 주기 문제를 해결했습니다.[1] 과학사를 살펴보면 비슷한 사례가 굉장히 많습니다. 이를 고려하면 반증주의는 과학과 사이비 과학을 가르는 기준으로는 충분하지 않은 것 같습니다.

　두 번째 기준은 자연적인 메커니즘을 통해 현상의 원인을 설명하려는 시도입니다. 이 특징은 세이건 본인이 제시한 사례로 반박됩니다. 케플러가 행성들이 움직이는 원인을 자기력과 비슷한 힘으로 설명했다는 걸 기억하실 겁니다. 하지만 사실 케플러는 태양 영혼의 존재를 가정해 태양의 규칙적인 자전 운동을 설명한 다음 태양에서 흘러나오는 자기적인 물질 때문에 행성이 움직인다고 주장했습니다. 신비주의를 배제했다는 세이건의 말과 달리 여전히 천체 운동을 신비주의라고 할 만한 요인으로 설명한 것입니다.[2] 뉴턴도 마찬가지입니다. 뉴턴은 만유인력 법칙으로 천체의 운동을 훌륭하게 계산하고 예측했지만 만유인력의 정체에 대해서는 침묵했습니다. 심지어 뉴턴이 중력의 원인으로 신의 전능함을 지목했다고 주장하는 과학사학자도 있습니다.[3]

　세 번째 기준은 기존의 자연 법칙들을 하나의 자연 법칙으로 통일하면서 법칙의 적용 범위를 넓힌다는 것입니다. 언뜻 생각하면 이는 과학의 훌륭한 특징이고 과학이라면 응당 추구해야 하는 태도로 보입니다. 하지만 이 기준을

90

점성술에 적용해 보면 어떨까요? 점성술사들은 태양, 달, 행성, 별의 위치와 움직임을 바탕으로 날씨와 국정, 개인의 품성, 질병의 발현 및 치료 등 광범위한 현상을 예측하고 설명했습니다. 예측과 설명의 정확성과 무관하게 적용 범위만 놓고 본다면 점성술이 천문학을 훨씬 뛰어넘는 겁니다. 그리고 딱히 통일을 추구하지 않는 과학 분야도 있습니다. 예를 들어 지질학에서 사용하는 법칙들은 만유인력 법칙처럼 모든 경우를 포괄하기보다는 특정한 지질학 현상에 대한 메커니즘을 제시하는 경우가 많습니다. 그 사례로는 위쪽 지층이 아래쪽 지층보다 나중에 만들어진다는 지층 누중累重의 법칙을 들 수 있겠습니다.

다시, 과학이란 무엇인가?
: 연구 공동체와 역사적 맥락

그럼 과학과 사이비 과학을 구분하려는 시도는 전부 무용지물로 돌아갈 수밖에 없을까요? 결국 점성술 같은 지식 체계도 과학으로 인정할 수밖에 없는 걸까요?

꼭 그렇지는 않습니다. 오랜 세월에 걸쳐 많은 과학철학자가 구획 문제를 놓고 씨름했고 나름의 답을 제시했습니다. 그중 널리 언급되는 구획 기준은 과학철학자 폴 새가드가 제안한 것입니다.[4] 이론의 반증부터 자연적인 메커니즘, 자연 법칙의 통일까지, 우리가 지금까지 살펴본 기준들은 한결같이 이론 자체에만 중점을 둡니다. 반면 새가드는 구획 문제의 초점을 이론에만 한정하지 말고 공동체의 활동과 역사적 맥락까지 함께 고려해야 한다고 주장합니다.

우선 연구 공동체부터 살펴볼까요? 새가드는 특정 분야의 공동체가 미해결 문제를 풀기 위한 방법에 동의하는지, 기존의 이론으로 설명하지 못하는 사례를 해결하기 위해 노력하는지, 자신들의 이론을 입증하거나 반증하려는 활동을 활발하게 하고 있는지 살펴봐야 한다고 말합니다. 점성술은 이 기준을 통과할 수 있을까요? 점성술은 2세기 이후부터 지금까지 거의 변한 것이 없습니다. 그리고 점성술사들은 미해결 문제가 분명히 존재했음에도 이를 해결하는 데 별다른 관심을 보이지 않았지요. 입증과 반증 노력도 적어도 의식적으로는 이루어지지 않았습니다. 따라서 새가드의 연구 공동체 기준에 따르면 점성술은 사이비 과학에 해당합니다.

이처럼 공동체에 주목하면 구획 기준은 자연스럽게 역사적 맥락을 포함하게 됩니다. 공동체의 활동을 평가하려면 얼마간의 시간적 거리가 필요하기 때문이지요. 게다가 오랜 기간에 걸쳐 공동체를 관찰한 결과 공동체가 해당 분야에 기준 미달이라는 판단을 내렸다고 해도 대안적인 이론이 나타나지 않는다면 과학으로 간주될 수 있습니다. 예를 들어 점성술은 18세기부터 전망 없는 분야로 여겨졌지만 현대 심리학이 부상한 19세기에 이르러서야 사이비 과학으로 간주되기 시작했습니다. 그때까지는 비록 장래성이 없더라도 과학의 명맥을 유지했던 겁니다. 그렇다면 18세기까지의 점성술은 (전망은 없더라도) 과학이었지만 19세기부터는 대안 이론에 밀려 사이비 과학으로 밀려났다고 볼 수 있습니다. 요컨대 새가드의 제안에 따라 역사적 맥락을 구획 기준에 포함하면 똑같은 분야가 한 시점에는 과학이었다가 다른 시점에는 사이비 과학일 수 있습니다.

과학을 다시 보기

지금까지 과학과 과학적 방법을 제대로 정의하기가 얼마나 어려운지 살펴보았습니다. 오해하지 않으셨으면 합니다. 제가 세이건이 제시한 과학의 특징을 하나하나 뜯어 보고 구획 문제를 논의한 것은 과학을 경시하거나 사이비 과학을 옹호하기 위해서가 아닙니다. 과학의 위상이 갈수록 높아지는 오늘날은 자칫 잘못하면 과학을 향한 맹신으로 이어지기 쉽습니다. 사이비 과학을 경계하는 태도도 중요하지만 과학에 대한 무조건적인 믿음을 경계하는 것도 중요합니다. 과학을 둘러싼 만연한 가정을 비판적으로 살펴봄으로써 과학을 다시 보는 것은 맹신에 대한 면역력을 기르는 좋은 방법입니다.

"이게 도대체 무슨 뜻이에요?"

각거리 angular distance 천문학에서는 거리나 크기를 각으로 표현할 때가 많습니다. 관측자에게서 뻗어 나온 가상의 두 선 사이의 각을 각거리라고 합니다. 각거리로 두 천체 사이의 거리를 나타내기도 하고(왼쪽 그림), 천체의 크기를 나타내기도 합니다(이 경우에는 각 크기 또는 시직경이라는 용어를 사용합니다).

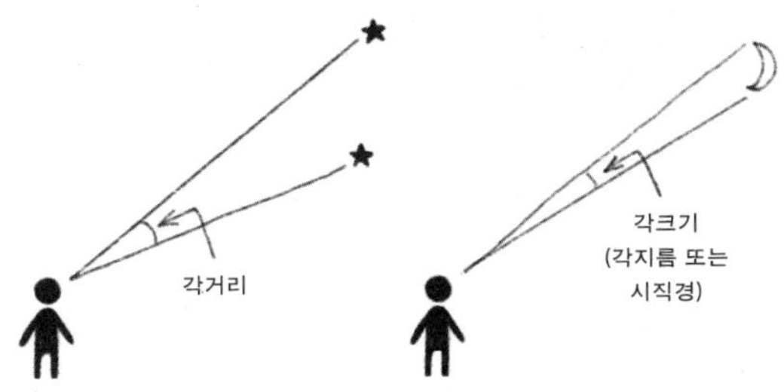

공생별 symbiotic star 주로 적색 거성과 백색 왜성이라는 두 별로 이루어진 쌍성계를 말합니다. 적색 거성이 내뿜는 물질을 백색 왜성이 빨아들이면서 다양한 천문학적 현상을 만들어 냅니다.

더 자세한 내용은 제9장 본문을 참고하세요.

동경動徑 중심에 있는 천체와 그 천체를 공전하는 또 다른 천체를 잇는 가상의 선을 '움직이는 반경'(반지름), 즉 동경이라고 합니다.

변광성 variable star 말 그대로 밝기가 변하는 별을 말합니다. 한 번에 확 밝아졌다가 어두워지는 별도 있고(격변 변광성), 밝기가 주기적으로 변하는 별도 있습니다(맥동 변광성). 격변 변광성은 제9장에서 살펴볼 신성新星과 동일한 천체입니다.

세차 운동 precession 자전하는 천체의 회전축 방향이 계속 바뀌는 회전 운동을 말합니다. 팽이를 생각하면 이해하기 쉽습니다. 팽이는 빠르게 돌 때는 회전축이 움직이지 않다가 속력이 느려지면 회전축 끝이 원을 그리면서 비틀거립니다. 이때 팽이의 회전축이 세차 운동을 한다고 말합니다. 지구의 자전축 역시 비슷한 세차 운동을 합니다. 물론 팽이보다는 훨씬 느려서 자전축 끝이 2만 6000년에 한 바퀴를 돕니다.

소행성 asteroid 별 주위를 공전하는 비교적 작은(그래서 행성에

속하지 않는) 암석 천체를 말합니다. 화성과 목성 사이에서 띠를 이루고 있는 소행성 무리를 특별히 소행성대라고 부릅니다.

역제곱 법칙 inverse square law 두 물체 사이에서 작용하는 힘의 크기가 두 물체 사이의 거리 제곱에 반비례하는 법칙을 통칭하는 용어입니다. 예를 들면 뉴턴이 찾아낸 만유인력이나 프랑스의 물리학자 샤를 드 쿨롱이 발견한 전기력이 역제곱 법칙을 따릅니다.

운석공 crater 달 표면에 난 구덩이를 말합니다. 『코스모스』에는 운석공과 분화구라는 번역어가 혼용되고 있는데요. 사실 달 표면의 구덩이는 대부분 운석이 떨어져서 생긴 충돌구이지 화산이 폭발하면서 생기는 분화구가 아닙니다. 따라서 엄밀히 말하면 달 구덩이를 분화구라고 부르는 것은 옳지 않습니다. 운석 충돌구 또는 운석공, 아니면 그냥 영문 용어를 음차해 크레이터라고 부르는 것이 적절합니다.

원지점 apogee 지구를 공전하는 천체가 지구에서 가장 멀리 위치하는 곳을 원지점이라고 합니다. 반대로 가장 가까울 때는 **근지점** perigee이라고 하지요. 지구가 중심이 아니라 태양을 중

심으로 공전하는 천체에 대해 말할 때는 원일점, 근일점이라는 용어를 씁니다.

위성 satellite 흔히 행성을 공전하는 천체를 말하지만, 엄밀히 말하면 위성이라고 해서 반드시 행성을 돌 필요는 없습니다. 어떤 천체든 그 주변을 공전한다면 위성이라고 부를 수 있습니다. 그러므로 태양을 공전하는 지구도 위성이고, 지구를 공전하는 달도 위성입니다.

일식 solar eclipse 일식과 월식은 늘 헷갈리는 천문학 용어입니다. 달이 지구와 태양 사이에 위치해서 '태양을 가리는 현상'을 일식, 지구가 태양과 달 사이에 위치해서 '달이 지구의 그림자에 들어와 보이지 않는 현상'을 **월식** lunar eclipse이라고 합니다. 여기서 '식'은 한 천체가 다른 천체를 가리는 일반적인 현상을 말합니다. 그럼 개기일식과 개기월식은 뭘까요? 더 일반적으로 개기식皆既蝕은 어떤 천체가 '다 가려진' 현상을 말합니다. 따라서 **개기일식** total solar eclipse은 달이 태양을 전부 가린 현상을, **개기월식** total lunar eclipse은 달이 지구 그림자에 완전히 가려진 현상을 일컫습니다.

조수 간만tide 오랫동안 해안가를 바라보면 바닷물이 밀려왔다 나가는 모습을 볼 수 있습니다. 이를 밀물과 썰물, 즉 조수 간만이라고 합니다. 왜 이런 현상이 생기는 걸까요? 바로 달 때문입니다. 지구도 달을 중력으로 끌어당기지만 달 역시 지구를 중력으로 끌어당깁니다. 중력은 거리 제곱에 반비례하기 때문에 지구에서 달과 가까운 곳은 먼 곳보다 더 강한 힘을 받습니다. 그 결과 지구 전체를 뒤덮은 바닷물이 달의 중력을 받아 양옆으로 부풀게 됩니다. 이 상태에서 지구가 자전하는 동안 해안가가 바닷물의 부푼 지점(해수면이 높아진 지점)에 접근하면 밀물 현상이, 바닷물이 부풀지 않은 지점(해수면이 낮아진 지점)에 접근하면 썰물 현상이 일어나는 것입니다. 이렇게 위치에 따른 중력 차이로 천체를 변형시키는 힘을 **조석력**tidal force이라고 합니다.

천정zenith 지구에 있는 관측자의 머리 위쪽 방향(지표면과 수직인 방향)으로 쭉 올라간 선이 하늘과 만나는 가상의 점을 말합니다.

펄서pulsar 처음 관측했을 때 굉장히 빠르게 뚝뚝 끊어지는 주기적인 신호(펄스)로 포착된 천체라서 펄서라는 이름이 붙었

습니다. 알고 보니 그 정체는 중성자별이라는 천체가 고속으로
회전하면서 만들어 낸 현상이었습니다. 중성자별에 대해서는
제9장 본문을 참고하세요.

4장

지구는 영원한가?

천국과 지옥

우리는 내일도 모레도 오늘과 비슷한 일상을 가정하며 살아갑니다. 갑자기 천재지변이 일어나 일상이 모조리 망가질 거라고 날마다 생각하는 사람들은 거의 없습니다. 오늘은 당연히 온 것이고, 내일은 당연히 올 겁니다. 일상도 그러한데 지구는 오죽할까요? 아침이 되면 여느 날처럼 햇빛이 쏟아지고 저녁이 되면 슬슬 어둠이 드리울 겁니다. 따뜻하고 쌀쌀한 계절이 반복될 겁니다. 그 속에서 우리는 늘 변함없이 숨 쉬며 살아가리라 가정합니다.

'가정'이라는 표현에 위화감을 느끼신 분들도 있을 겁니다. 우리가 발 딛고 사는 거대한 지구가 멸망하기라도 한다는 걸까요? 놀랍게도 네 번째 장의 주제는 지구의 멸망 가능성입니다. 아니 도대체 지구에 무슨 일이 벌어진다는 걸까요?

하늘에서 내려오는 종말: 천체와의 충돌

세이건이 제시하는 첫 번째 가능성은 천체와의 충돌입니다. 밤하늘에서 쏟아지는 유성우를 보신 적이 있나요? 유성meteor, 다른 말로 별똥별은 미세한 암석 알갱이나 혜성 부스러기가 지구의 대기로 들어오면서 마찰 때문에 빛을 내는 현상을 말합니다. 유성 현상을 일으키는 천체는 유성체meteoroid라고 부르지요. 특히 유성들이 비처럼 쏟아지면 유성우meteor shower라고 합니다. 유성우가 하늘을 가득 메우면 한 폭의 그림을 보듯 넋을 놓고 바라보게 되지만, 떨어지는 천체 조각이 비교적 크면 황급히 도망가는 편이 좋습니다. 대기에서 몽땅 타 버리는 부스러기와 달리 지표면에 큰 충격을 줄 수 있기 때문입니다. 이렇게 대기권을 통과해 지표면에 충돌하는 천체를 운석meteorite이라고 부릅니다.

달 표면은 온통 운석 충돌구로 뒤덮여 있습니다. 그렇다면 지구라고 운석 충돌로부터 완전히 자유로울 수는 없을 겁니다. 실제로 미국 애리조나주에는 지름 약 1200미터의 거대한 충돌구가 남아 있습니다. 5만 년 전 지름 50미터 규모의 운석이 충돌한 것으로 추정된다고 합니다.[1]

세이건에 따르면 운석 충돌과 같은 우주적 사건은 지금도 일어날 수 있습니다. 그 예로 든 것이 1908년 퉁구스카 사건입니다. 그 여파로 축구장 3만 5000개에 해당하는 광활한 시베리아 숲이 완전히 파괴되었지요. 퉁구스카 사건의 원인이 혜성 조각인지 소행성인지는 아직 명확히 밝혀지지 않았지만, 과학자들은 지름 50미터쯤 되는 천체가 지구 대기에서 폭발한 것을 원인으로 추정하고 있습니다. 더 최근에도 비슷한 일이 벌어졌습니다. 2013년 2월 15일, 지름 20미터짜리 소행성이 지구 대기권으로 진입하다가 러시아 도시 첼랴빈스크 상공에서 폭발하는 사건이 일어났거든요. 이로 인해 1000명 이상이 유리창 폭발로 부상을 입었다고 합니다.

이런 일이 얼마나 자주 일어날까요? 달 표면에 존재하는 충돌구의 수를 바탕으로 추정하면 지름 20미터 운석과 충돌하는 사건은 100년에 한 번꼴, 지름 50미터 운석과 충돌하는 사건은 600년에 한 번꼴로 일어난다는 결론이 나옵니다.[2] 전 지구적 재앙으로 이어질 만한 규모의 사건은

100만 년 또는 1억 년에 한 번 발생할 정도로 드물다고 합니다. 다행이지요? 하지만 이러한 추정치는 확률에 불과하다는 사실을 염두에 둬야 합니다. 확률이 아무리 낮다고 해도 불가능하다는 뜻은 아니기 때문입니다. 우리 생애에는 별 상관이 없을 수도 있겠지만, 지구가 생각만큼 영원불멸한 천국이 아니라는 점만은 분명합니다.

풍요와 맞바꾼 지옥: 온난화

"뭐야, 결국 우리가 사는 동안 일어나지도 않을 법한 일을 가지고 겁주려는 거였어?" 하고 생각하시는 분들이 있을지도 모르겠습니다. 하지만 우리에게 닥칠 위험에는 확률적인 재앙만이 아니라 현재 진행 중인 재앙도 있습니다. 세이건이 혜성과 소행성, 달을 설명하다가 돌연 금성으로 시선을 돌리는 이유가 그래서입니다.

금성은 오래전부터 지구와 비슷한 외형과 아름다운 빛 때문에 수많은 이가 천상 낙원으로 믿었던 천체입니다. 세이건의 말처럼 생명체의 존재를 추측하는 과학자도 있었지요. 하지만 1950년대와 1960년대를 걸쳐 금성이 보내오는 전파 신호를 분석하고 금성에 착륙선을 내려보내 온도를 측정해 보니 전혀 다른 실상이 드러났습니다. 금성은 낙원은커녕 불지옥에 가까웠던 겁니다. 섭씨 480도의 고온에 표면의 대기압이 90기압에 육박했습니다.

하지만 금성은 금성일 뿐, 지구와는 무관하지 않나요? 세이건은 금성이 왜 이렇게 뜨거운지 생각해 보자고 말합니다. 당연히 금성이 지구보다 태양에 가까워서 뜨거운 것이라고 단정할 수도 있겠지만, 그러면 태양에 더 가까운 수성이 금성보다 차갑다는 사실을 설명할 수가 없습니다. 세이건이 제시하는 설명은 놀랍게도 온실 효과입니다. 그렇습니다. 지구 온난화의 원인으로 지목되는 그 온실 효과가 맞습니다.

지금은 온실 효과 하면 곧바로 지구 온난화를 떠올리지만, 1960년대만 해도 지구보다는 금성의 온실 효과가 더 활발하게 논의되었습니다. 금성의 고온을 온실 효과로 설명하는 것은 현재 정설로 받아들여지고 있는데, 이렇게 되기까지는 세이건의 영향이 컸습니다.

세이건은 1960년 박사 논문으로 총 네 편을 제출했습니다. 그중에서 가장 널리 회자된 논문은 「금성의 복사 평형」입니다. 금성의 대기 중에서 이산화탄소와 수증기가 강력한 온실 효과를 만들어 낸다는 가설을 제시했지요. 세이건의 말을 직접 들어 봅시다. "표면 온도가 600°K(섭씨

330도가량)이 되려면 매우 효과적인 온실 효과가 필요하다는 점은 분명하다. (……) 이처럼 (금성에는) 온도가 높고 액체 물이 없으므로, 표면에 토착 유기물이 존재하지 않을 가능성이 극도로 높다. 현재의 증거에 비추어 볼 때, 금성은 뜨겁고 건조하고 모래로 가득하고 바람이 불고 구름이 낀 행성으로 보인다. 그리고 생명체 또한 존재하지 않을 것이다."[3]

금성 표면은 태양의 빛 에너지를 흡수한 다음 적외선의 형태로 에너지를 방출합니다. 그런데 대기 중에 이산화탄소처럼 적외선을 잘 흡수하는 기체가 있으면 에너지가 행성 밖으로 원활하게 방출되지 않고 안에 머물게 되지요. 그 결과 행성의 온도가 올라가는데, 이러한 현상을 온실 효과라고 합니다. 물론 최근의 관측에 따르면 금성 대기의 수증기 함량은 세이건의 추정보다 훨씬 적다고 합니다. 그럼에도 금성의 온실 효과가 고온의 원인이라는 세이건의 주장 자체는 정설로 남아 있습니다.

이 지점에서 세이건은 말합니다. 금성이 온실 효과 때문에 지옥이 되었다면 지구 역시 그렇게 되지 않으리라는 보장은 없지 않겠는가. 하늘에서 불타는 금성을 반면교사로 삼아야 하지 않겠는가. 오늘날 지구의 대기 중 이산화탄소 농도가 점점 높아지고 있다는 것은 명백한 사실입니다. 날마다 엄청난 양의 화석 연료가 타면서 이산화탄소와 메탄 같은 온실 기체를 방출하고 있지요. 『코스모스』를 집필하던 시기 세이건은 지구는 영원불멸의 천국이 아니라며 경고의 메시지를 전했지만, 오늘날 우리는 이미 지구가 위기에 처한 모습을 목도하고 있습니다.

"이게 도대체 무슨 뜻이에요?"

감마선 gamma ray '가시광선' 용어 설명에서 빛의 종류가 여러 가지라고 말씀드린 적이 있습니다. 감마선도 빛의 한 종류입니다. 인체 내부를 들여다볼 때 사용하는 엑스선보다도 파장이 짧고 에너지가 높은 빛입니다. 높은 에너지 때문에 화상이나 암, 유전자 변형 같은 피해를 유발합니다.

반물질 antimatter 반물질은 **반입자** antiparticle로 이루어진 물질을 말합니다. 반입자는 뭘까요? 보통의 물질을 이루고 있는 입자와 질량은 똑같고 전기 전하(플러스와 마이너스로 나뉘는 전기적인 성질)를 비롯한 다른 성질들은 부호가 반대인 입자를 반입자라고 합니다. 예를 들어 전자의 반입자인 반전자는 전자와 질량은 똑같지만 전기 전하는 플러스인 입자입니다. 입자와 반입자가 만나면 둘 다 소멸하면서 엄청난 에너지의 빛이 방출되는데, 이러한 현상을 **쌍소멸** annihilation이라고 합니다. 반물질이 지구와 충돌해 막대한 감마선을 방출했을지도 모른다는 『코스모스』 제4장의 내용이 바로 쌍소멸을 두고 한 말입니다.

복사열 radiant heat 복사를 통해 전달되는 열 에너지를 말합니다. 그럼 **복사** radiation는 뭘까요? 복사란 전자기 파동(즉 빛)의 형태로 에너지가 방출되어 전달되는 현상을 뜻합니다. 정리하자면 복사열은 빛의 형태로 전달되는 열을 말하지요. 태양 빛을 받고 있으면 따뜻한 이유가 그래서입니다.

분광 스펙트럼 spectroscopic spectrum 우리가 일상에서 접하는 빛은 일반적으로 다양한 파장의 빛으로 이루어져 있습니다. 그런 복합적인 빛을 아래 그림처럼 프리즘이나 회절 격자에 비추면 빛이 파장별로 분해됩니다(회절 격자는 평행한 선을 똑같은 간격으로 새긴 판을 말합니다). 이때 파장별로 분해된 빛을 분광 스펙트럼 또는 줄여서 스펙트럼이라고 합니다.

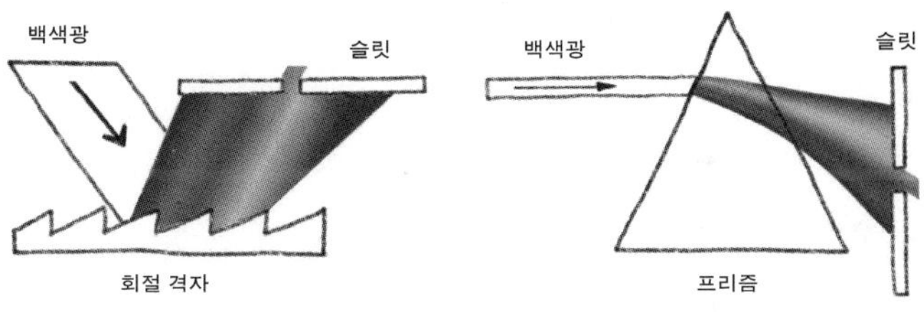

물질을 통과시킨 빛의 스펙트럼을 살펴보면 그 물질이 무엇으로 이루어져 있는지 알아낼 수 있습니다. 행성, 별, 은하까

지 직접 가 보지 못하는 천문학자들에게는 더없이 중요한 도구인 셈이지요. 어떻게 그럴 수 있을까요? 모든 원자와 분자는 저마다 특정 파장의 빛만을 흡수합니다. 따라서 물질에 빛을 통과시키고 그 빛의 스펙트럼을 분석해 어떤 파장의 빛이 흡수되었는지 들여다보면 물질이 어떤 원자나 분자로 이루어져 있는지 알 수 있습니다. 예를 들어 수소 기체를 통과한 빛의 스펙트럼은 아래 그림처럼 생겼습니다.

마치 이가 나간 것처럼 중간중간에 어두운 선이 보이시나요?(세이건은 제4장에서 이를 "슬릿"이라는 용어로 표현합니다.) 수소 기체가 해당 파장의 빛만을 흡수하기 때문입니다. 이렇게 원자나 분자가 흡수한 빛이 어두운 선으로 나타나는 스펙트럼을 **흡수 스펙트럼**absorptive spectrum이라고 부릅니다. 다양한 물질의 스펙트럼을 미리 알고 있다면, 구성 성분을 알고 싶은 물질의 스펙트럼을 보고 그 물질이 무엇으로 이루어져 있는지 알 수 있습니다. 그래서 흔히 스펙트럼을 물질의 '지문'이라고 말하기도 합니다.

위상 phase   위상은 다양한 분야에서 각기 다른 의미로 쓰이는 용어입니다. 『코스모스』 제4장에서는 금성의 위상, 즉 태양 및 지구와의 상대적 위치 때문에 다양한 형태로 관찰되는 모습이라는 뜻으로 쓰였습니다. 달이 태양 및 지구와의 상대적 위치에 따라 초승달, 상현달, 보름달 등으로 모습을 바꾸는 것과 같은 원리입니다.

조산 orogeny   판 구조론이라는 용어를 들어 보신 적이 있을 겁니다. 판 구조론에 따르면 지구의 표면을 덮은 판들이 서로 부딪히고 하나의 판이 다른 판 아래로 들어가는 등의 과정을 통해 대륙이 이동하고 지진과 화산 활동이 벌어집니다. 이때 판들이 서로 충돌하면서 산맥이 형성되는 현상을 조산造山이라고 합니다.

칭동 liberation   어떤 천체를 관측할 때 그 천체의 자체적인 운동과 지구 자전이 결합되어서 관측자가 보는 천체의 위치와 모습이 주기적으로 변하는 현상을 칭동秤動이라고 합니다. 흔히 달은 지구에서 한쪽 면만 볼 수 있다고 이야기합니다. 하지만 엄밀히 말하면 정확히 절반이 아니라 59퍼센트 정도가 보인다고 해요. 달의 칭동 현상 때문에 뒷면 일부가 살짝씩 보이는 겁니다.

태양풍 solar wind 태양에서 우주 공간으로 뿜어져 나오는 대전 입자(전기를 띠는 입자)의 흐름을 말합니다. 대부분 양성자와 전자로 이루어져 있습니다.

파동 wave 과학 책을 읽으면 파동이라는 단어를 자주 접하게 됩니다. 이번 기회에 파동과 파동의 기본 성질에 대해 익혀 두면 다른 과학 책을 읽을 때도 도움이 될 겁니다. 우선 파동이라는 용어부터 시작해 봅시다. 어떤 성질이 주기적으로 변하면서 그 변화가 공간에서 퍼져 나가는 현상을 파동이라고 합니다. 이렇게 설명하니까 좀 어렵게 들릴 수 있지만, 예시를 떠올리면 좀 더 감이 잡힐 겁니다. 변화하는 성질이 공기의 압력이면 소리 또는 음파라는 파동이 생깁니다. 변화하는 성질이 물 표면에서의 높낮이면 수면파라는 파동이 생깁니다. 이런 것들이 파동의 예시입니다.

파동에 대해 말할 때는 흔히 파장, 주파수, 진폭, 골, 마루 같은 용어가 뒤따라 나옵니다. 용어들의 의미는 그림을 보면 단번에 알 수 있습니다.

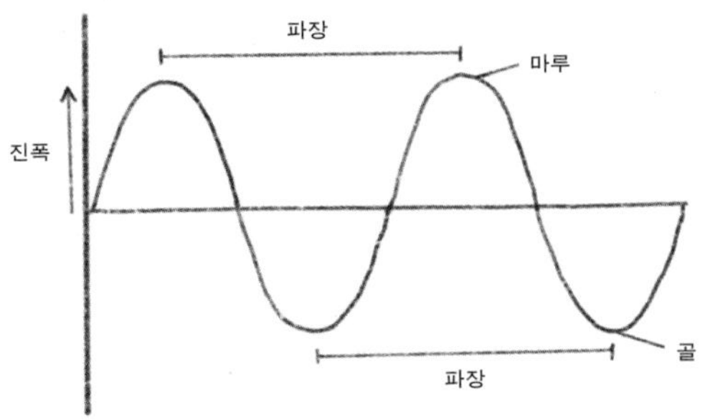

그림에서 볼 수 있듯이 마루와 마루, 또는 골과 골 사이의 거리를 **파장**wavelength이라고 합니다. 파동의 공간적 성질을 결정하는 가장 기본적인 성질이라고 보시면 됩니다. 반대로 **주파수**frequency(또는 다른 말로 진동수)는 파동의 시간적 성질을 결정하는 가장 기본적인 성질입니다. 이 그림에서 파동이 한쪽 방향으로 이동하고 있다고 해 볼까요? 그럴 때 파동의 마루 또는 골이 특정한 위치를 1초 동안 몇 번 통과하는지 측정해 볼 수 있을 겁니다. 그 값이 바로 주파수입니다. 예를 들어 주파수가 60헤르츠라면, 파동의 마루나 골이 특정한 위치를 1초 동안 60번 통과한다는 뜻입니다. 마지막으로 **진폭**amplitude은 파동의 세기가 얼마나 강한지를 나타내는 성질입니다.

플럭스flux 정확하게 이해하기 쉽지 않은 용어이지만 다음과

같이 간단하게만 이해해도 충분합니다. 플럭스는 질량, 에너지, 물과 같은 양이 공간에서 어떻게 흐르는지를 나타내는 개념입니다. '선속'線束이라고 번역하기도 합니다. 예를 들어 『코스모스』 제4장에서는 적외선 복사의 플럭스를 측정한다는 표현이 나오는데요. 특정한 지점에서 적외선이 어떻게 '흐르는지'를 측정한다는 말로 이해하시면 됩니다.

혜성comet 태양을 중심으로 공전하는 작은 얼음 또는 암석 덩어리를 말합니다. 태양계 외곽의 **오르트 구름**oort cloud이라는 지역에서 천천히 공전하던 얼음덩어리(이를 혜성의 핵이라고 합니다)가 궤도를 이탈해 태양계 내부로 들어오면 혜성이 됩니다. 오르트 구름에는 대략 1조 개의 덩어리가 있을 것으로 추정됩니다. 혜성의 핵이 태양과 가까워지면 태양의 열 때문에 핵의 얼음이 수증기로 변하는데요. 그 과정에서 핵의 고체 입자들도 덩달아 핵에서 탈출하게 됩니다. 이 수증기와 고체 입자들이 핵을 둥글게 감싸는데, 이를 코마라고 부릅니다. 코마가 태양에서 날아온 입자들과 충돌하면 기다란 혜성 꼬리가 만들어집니다.

A형 별 별을 분류하는 방법은 다양하지만, 스펙트럼과 표면

온도를 기준으로 별을 분류하는 방법이 널리 쓰이고 있습니다. 그 기준을 바탕으로 별을 O, B, A, F, G, K, M처럼 총 일곱 가지 범주로 나눌 수 있는데요. O에서 M으로 갈수록 온도가 낮아집니다. 각 범주에 따라 별의 색, 조성, 생애 주기 같은 물리적 성질이 달라집니다.

지구를 떠날 수 있는가?

붉은 행성을 위한 블루스

지구를 떠난다는 생각은 언제나 우리의 상상을 사로잡습니다. 과학소설의 효시로 언급되는 케플러의 『꿈』과 인간의 달 탐험을 그린 쥘 베른의 『지구에서 달까지』 등 수많은 작품이 인간의 우주여행을 단골 소재로 삼습니다. 우주여행을 상상하게 하는 추동력은 요즘 들어 더 강해지는 것 같습니다. 그 이유 중 하나는 이전 장에서 살펴본 지구의 위기가 아닐까 합니다. 기후 위기라는 가공할 위협 앞에서 아예 지구를 떠나는 게 어떠냐는 생각은 공감을 살 만합니다.

인류가 지구를 떠난다면 가장 먼저 정착할 행성은 어디일까요? 지구에서 제일 가까운 금성은 그야말로 불지옥이라 첫 방문지로 갈 곳이 못 됩니다. 수성 역시 극단적인 고온과 저온이 반복되는 극심한 일교차 때문에 정착지로는 적절하지 않아 보입니다. 그다음 가능성은 어딜까요? 맞습니다, 화성입니다. 이미 기술 산업계 거물들이 화성 정착을 두고 밝힌 포부가 언론에 대서특필된 것을 많이 보셨을 겁니다. 우주 정착 옹호자들에게 화성은 인류 우주 개발의 첫 발판과도 같습니다.

세이건 역시 이번 장에서 미래의 인류가 화성에 거주하는 모습을 그려 봅니다. 앞으로 알게 되겠지만, 화성 정착은 그에게 단순한 공상이 아니라 진지한 탐구였습니다. 화성 정착에 대한 세이건의 생각을 본격적으로 살펴보기 전에 먼저 논의할 것이 있습니다. 화성에는 과연 생명체가 살고 있을까요?

화성의 생명체를 찾아라: 바이킹과 그 이후

세이건이 설명하듯 천문학자 퍼시벌 로웰이 화성의 '운하 지도'를 제작한 것까지 화성 탐구에 포함한다면, 인류는 100년이 훌쩍 넘는 세월 동안 화성을 붙들고 씨름한 셈입니다. 그 원동력은 단언컨대 외계 생명체 탐사였습니다. 로웰은 지구에서 망원경으로 화성을 관찰하고 인공적인 운하로 추정되는 선을 그리면서 지적 생명체의 존재를 추측했을 뿐이지만, 현재 인류에게는 화성으로 궤도선과 착륙선을 보낸 50여 년의 역사가 있습니다. 1976년 7월 20일 미국의 바이킹 1호가 화성에 착륙한 후로 구소련, 일본, 유럽우주국ESA, 인도, 중국, 아랍에미리트 등 여러 나라가 앞다투어 화성에 탐사선을 쏘아 보냈습니다. 지금도 궤도선 일곱 대가 화성을 공전하며 데이터를 수집하고 탐사차 두 대가 표면에서 바삐 움직이며 지형을 관찰하고 있지요.

그럼 화성에서 외계 생명체가 발견되었을까요? 발견되었다면 일제히 모든 언론의 머리기사를 장식했을 테니 여러분도 다 알고 계실 겁니다. 세이건이 화성에서 미생물의 존재를 받아들여야 할 확실한 증거는 없다고 말한 것처럼, 착륙선 바이킹이 보내온 실험 데이터만으로는 생명체의 존재를 확신할 수 없었습니다. 그 후로도 몇 대의 탐사선을 보냈지만 과거에 물이 존재한 증거로 추정되는 흔적과 표면 1.5킬로미터 깊이에서 액체 상태 물이 존재할 가능성을 발견했을 뿐(물론 이 역시 엄청난 성취입니다), 아쉽게도 생명체의 존재 여부는 확실하게 결론짓지 못했습니다.

하지만 과학자들은 포기하지 않았습니다. 여전히 야심 찬 프로젝트들이 수행되고 있거든요. 그중 하나가 2021

년 2월 18일 화성에 착륙한 퍼서비어런스 탐사차Persever-
ance Rover입니다. 퍼서비어런스는 지금도 화성 표면을 돌아
다니면서 열심히 드릴로 땅을 파 암석 샘플을 수집하고 있
습니다.● 세이건은 지면에 고정된 착륙선 바이킹과 달리
이동이 가능한 탐사차 원형 모델이 개발되고 있다고 말했
는데, 결국 그의 소망이 실현된 셈입니다.

더 놀라운 것은 현재 미국 항공우주국NASA과 유럽 우
주국이 퍼서비어런스의 암석 샘플을 지구로 회수할 계획
도 세우고 있다는 겁니다. 샘플 회수 착륙선Sample Retrieval
Lander을 화성으로 보낸 다음 퍼서비어런스에서 샘플을 받
아 다시 지구로 쏘아 보낸다는 원대한 계획입니다. 이 계획
이 제대로 실현되기만 한다면 지구에서 암석 샘플을 직접
분석해 생명체의 존재 여부를 더 확실히 확인할 수 있을 겁
니다.●●

푸른 화성의 가능성: 테라포밍

만일 화성에서 생명체가 발견된다면 그 후에는 어떤 일이
벌어질까요? 화성에 생명체가 거주할 수 있다는 건 인간

● 퍼서비어런스의 현 위치는 NASA 홈페이지에서 확인할 수 있습니
다. https://science.nasa.gov/mission/mars-2020-perseverance/loca-
tion-map/.
●● 샘플 회수 착륙선이 퍼서비어런스에서 화성 샘플을 회수하는 가상의
영상을 ESA 홈페이지에서 확인할 수 있습니다. https://www.esa.int/Sci-
ence_Exploration/Human_and_Robotic_Exploration/Exploration/Mars_
sample_return. 2033년 실행 예정이었던 계획은 안타깝게도 2040년으로
연기되었습니다.

또한 화성에서 살아갈 수 있다는 뜻 아닐까요?

　세이건은 인류가 거주할 수 있도록 화성을 변형시킬 방법에 대해 논의합니다. 앞서 언급했듯이 세이건에게 행성의 테라포밍, 즉 지구화는 단순한 공상이 아니라 진지한 탐구였습니다. 1961년 「행성 금성」이라는 논문에서 금성의 테라포밍을, 1973년 「화성의 행성 공학」이라는 논문에서 화성의 테라포밍을 논의한 바 있거든요.[1] 후자의 논문에서 세이건은 화성의 극관(물과 이산화탄소로 이루어진 극지방 얼음 층)을 어두운 물질로 뒤덮거나 그곳에 어두운 식물을 길러서 태양열 흡수율을 높이는 방법을 제안했습니다. 표면 온도가 높아져서 극관의 얼음이 녹으면 그 속에서 이산화탄소 기체와 수증기가 빠져나오게 됩니다. 세이건은 이 기체들이 온실 효과를 일으킴으로써 표면에 액체 물이 존재할 수 있을 때까지 온도를 높일 것이라고 말했지요.

　테라포밍 방법을 제안한 사람이 세이건만 있는 건 아닙니다. 아예 온실 기체를 화성에 인공적으로 유입하거나 화성 주변에 거대 거울을 띄워 표면 온도를 올릴 수 있다는 연구 결과도 있습니다. 유전공학으로 유전자를 조작한 미생물을 화성에 방출해 대기와 표면 환경을 인간에게 맞게 변형하자는 제안도 있지요.[2] 심지어 일론 머스크는 "화성을 핵으로 공격하자!"라고 말하면서 화성에서 원자폭탄을 터뜨리자고 제안했습니다. 원자폭탄으로 극관의 얼음을 녹여 이산화탄소와 수증기를 배출시키자는 극단적인 주장이었습니다.[3]

당신은 화성으로 떠날 수 없다
: 우주를 파는 상인들

그런데 화성의 테라포밍, 정말로 가능한 걸까요? 과학적으로 현실적으로 따졌을 때 실현 가능성이 있는 계획일까요? 우리가 쉽게 접할 수 있는 의견은 대체로 낙관론으로 기우는 듯합니다. 지금은 불가능하더라도 언젠가는 되지 않겠냐는 겁니다. 하지만 떠들썩한 낙관론과 선전 속에서 쉽게 동조하기보다는 잠깐이라도 냉철하게 따져 볼 필요가 있습니다.

천체물리학자 아메데오 발비는 자신의 책 『당신은 화성으로 떠날 수 없다』에서 제목으로 짐작할 만한 의견을 내세웁니다. 발비는 가까운 미래에 화성으로 이주하는 것은 과학적으로 따졌을 때 거의(아마도 영원히) 불가능하다고 주장합니다. 발비에 따르면, 일단 테라포밍을 논하기 전에 화성으로 가는 것부터가 어려운 일임을 인정해야 합니다. 현 기술(그리고 근미래의 기술)로는 화성에 가려면 9개월 이상의 장거리 비행을 할 수밖에 없는데, 설령 이게 가능하다고 해도 우주 방사선과 태양에서 날아오는 입자처럼 가공할 만한 위협을 해결해야 합니다.

화성 착륙에 성공한다고 한들 산소와 물 확보, 우주 방사선과 모래 폭풍 차단, 저중력 적응, 식량 공급, 에너지 생산 등 현재로선 해결 불가능한 문제가 도사리고 있습니다. 게다가 최근 수집된 화성 탐사차 데이터에 따르면 화성에는 대기로 방출되더라도 충분한 온실 효과를 일으킬 만한 이산화탄소가 매장되어 있지도 않습니다. 그렇다면 아무리 어두운 식물을 심고 원자폭탄을 터뜨린들 세이건과 머스크가 제안한 테라포밍 방법은 무용지물인 셈입니다.

결론적으로 발비는 화성 여행을 쉬운 일로 묘사하는 것은 심각한 문제이며 그 저변에는 우주여행 홍보 효과로 창출되는 우주 산업의 이득이 깔려 있음을 지적합니다. 발비의 말을 빌리자면, 머스크와 같은 "우주를 파는 상인들"에게는 "우주여행에서 겪는 문제와 화성 내 생존에 필요한 엄청난 어려움을 어떻게 해결해야 하는지에 관한 구체적인 방안이 없"습니다. "사업의 재정적 지속 가능성을 확보

하는 것이 유일한 관심사"일 뿐이지요.[4]

화성은 누구의 것인가?: 우주 윤리학

염두에 둬야 할 문제가 또 있습니다. 앞서 살펴보았듯이 화성 생명체의 존재는 확인되지 않았습니다. 하지만 확인되지 않았다고 해서 존재하지 않는다는 뜻은 아닙니다. 만에 하나 화성 착륙에 성공한다고 합시다. 그런데 그곳에 아주 단순한 미생물이라도 생명체가 살고 있다면 어떻게 해야 할까요? 이처럼 우주 탐사와 타 행성 정착에 뒤따르는 윤리적 문제를 고찰하는 분야를 우주 윤리학이라고 합니다.

천체물리학자 에리카 네스볼드는 우주 윤리학을 다룬 책 『지구 너머』에서 테라포밍이라는 낭만적 담론에 가려진 윤리 문제를 드러냅니다.[5] 테라포밍 과정에서 화성에 존재할지 모를 생명체가 심각한 피해를 입거나 멸종할 수 있다는 겁니다. 네스볼드는 책 서문에서 다음과 같은 일화를 전합니다. 한 학술대회에서 우주 개발 산업 리더들과 이야기를 나눌 기회를 가진 네스볼드는 그들에게 우주 개발에 뒤따르는 여러 윤리 문제에 대해 물었습니다. 리더들은 한결같은 태도로 대답했다고 합니다. "그건 나중에 고민할 문제"라고요.

세이건도 이번 장에서 네스볼드와 동일한 윤리적 우려를 표합니다. 만일 화성에 단순한 미생물이라도 생명체가 존재한다면 아무것도 하지 말아야 한다고 말하지요. 하지만 네스볼드에 따르면 이러한 관점에는 한계가 있습니다. 이 같은 주장이 설득력을 가지려면 미생물의 지위가 인간과 동일하다고 믿어야 하는데 과연 사람들이 그렇게 믿겠냐는 겁니다. 오히려 대부분은 콜레라균이나 말라리아 기생충을 멸종시킬 방법이 있다면 기꺼이 그렇게 할 가능성이 높습니다.

물론 화성의 미생물이 인류에게 해로울지는 지금으로선 알 수 없습니다. 하지만 테라포밍 담론이 더 힘을 얻고 이를 실현시킬 기술이 개발되기 전에 이와 같은 윤리적 문제를 제기하고 충분한 논의를 거쳐 합의에 도달해야 한다는 점은 분명합니다. 인공지능 발전에 매료되어 그와 결부된 도덕적 성찰을 제때 하지 못한 오늘날처럼 말이지요. 네스볼드의 말처럼, 윤리적 성찰을 등한시하다가는 "훗날 테라포밍과 행성 보호에 대한 윤리적 합의에 도달했을 때가 이미 늦은 시점"이 될지도 모릅니다.[6]

극관polar ice cap 행성이나 위성에서 얼음으로 덮인 극지방을 말합니다. 특히 화성의 극관極冠을 이야기할 때가 많습니다.

대접근close approach 소행성이나 화성 같은 천체가 지구에 매우 가까이 접근하는 현상을 일컫는 말입니다.

동정identification 화학적 분석을 통해 어떤 물질이 다른 물질과 동일한지 확인하는 작업을 말합니다. 생물학적인 맥락에서 쓰일 때는 생물 종이 어떤 분류군에 속하는지 판단하는 작업을 말합니다.

방사성 동위 원소radioactive isotope 우선 동위 원소의 뜻부터 살펴봅시다. **동위 원소**isotope는 양성자의 수가 똑같아서 원소의 종류는 같지만 중성자의 수가 달라서 질량이 다른 원소를 말합니다. 예를 들어 탄소는 기본적으로 양성자가 여섯 개, 중성자가 여섯 개인데, 중성자가 하나 더해지면 탄소 동위 원소가 되는 식입니다. 그런데 이런 동위 원소 중에서 유독 상태가 불안정해서 방사선을 방출하며 다른 원소로 변하는 것이 있습니다. 이러한 동위 원소를 바로 방사성 동위 원소라고 합니다. (『코스모스』에는 방사능 동위 원소로 번역되어 있지만 방사성 동위 원소라고 불립니다.)

시상 seeing 지구에서 천체를 관측할 때 지구 대기 때문에 상이 흐려지는 정도를 말합니다. 관측 데이터의 질이 얼마나 좋은지를 판단할 때 자주 사용하는 값입니다. 지표면이 가열되어서 아지랑이가 피어올라 상이 일렁이는 것, 보신 적 있으시죠? 천체를 관측할 때 시상視像이 좋지 않은 것도 그와 비슷합니다.

열곡 rift valley 말 그대로 찢어져서(열裂) 만들어진 골짜기(곡谷)를 말합니다. 지구의 열곡裂谷은 두 판 구조가 서로 멀어지면서 가운데가 깊이 파이며 형성됩니다. 그런데 화성에서 관측되는 (열곡처럼 보이는) 깊은 골짜기도 판 구조의 상호작용으로 만들어진 걸까요? 최근 밝혀진 바에 따르면, 화성은 지구처럼 여러 판으로 나뉘어 있지 않고 딱 하나의 판으로 이루어져 있다고 합니다. 그렇다면 화성의 골짜기는 지구의 열곡과 다른 방식으로 형성되었을 겁니다.

영구 동토층 permafrost 여름에도 녹지 않고 언제나 얼어 있는 토양 또는 퇴적물을 말합니다.

융삭 보호막 ablation shield 대기가 있는 행성에 착륙선을 내려보낼 때는 대기와의 마찰로부터 착륙선을 보호하기 위해 보호막을 씌워야 합니다. 융삭 融削 은 물질의 표면이 침식 때문에 깎여 손상되는 현상을 말합니다. 착륙선을 그냥 내려보내면 착륙선 표면이 대기와의 마찰 때문에 마모되어 손상을 입을 겁니다. 그걸 방지하기 위해 씌우는 보호막을 융삭 보호막이라고 합니다. 소련의 화성 착륙선 마르스만이 아니라 미국의 화성 착륙선 바이킹도 융삭 보호막을 사용했습니다.

촉매 catalyst 화학 반응 과정에서 스스로는 소모되지 않고 오로지 반응 속도만 높여 주는 물질을 말합니다.

6장

과학은 어떻게 발전하는가?

여행자가 들려준 이야기

지구에서 빛을 타고 태양계 바깥으로 간다고 상상해 봅시다. 고작 3분이 지났을 뿐인데 벌써 눈앞에 붉은 화성이 보입니다. 40분이 지나면 구름이 자욱한 목성이, 1시간 20분이 지나면 영롱한 고리에 둘러싸인 토성이 모습을 드러냅니다. 차례대로 천왕성과 해왕성, 안타깝게도 행성의 지위를 박탈당한 명왕성을 통과하는 데는 불과 5시간 20분밖에 걸리지 않습니다. 한나절도 안 걸려 태양계 외곽에 도달한 겁니다.

지구를 떠난 지 하루쯤 되면 어둑한 우주와 칙칙한 암석들 사이에 이질적으로 생긴 작은 물체 하나가 눈에 띕니

다. 둥근 안테나 접시를 달고 기다린 팔이 여럿 부착된 인
공위성 같은 모습입니다. 가까이 다가가 보면 한쪽 면에 둥
그런 금색 디스크가 붙어 있습니다. 축음기에 넣고 돌리니
익숙한 음성과 음악, 외계 문명에 보내는 인류의 메시지가
들립니다. 인간의 흔적을 물씬 풍기며 우주를 떠돌고 있는
물체의 이름은 보이저 1호, 현재 지구에서 가장 멀리 떨어
진 인공물입니다. NASA의 예측에 따르면 2026년 11월 보
이저 1호는 빛이 하루를 달리는 거리, 즉 1광일을 최초로 돌
파하게 됩니다.[1]

보이저가 방문한 태양계 바깥 세계

『코스모스』 여섯 번째 장은 인류가 보이저 탐사선에 바치
는 헌사와도 같습니다. 쌍둥이 탐사선 보이저 1호는 1979년
3월 5일부터, 보이저 2호는 1979년 7월 8일부터 목성과 그
주변을 공전하는 위성들과 조우하기 시작했습니다.● 세이
건이 말하듯 두 보이저는 목성 대기에서 일어나는 장엄한
폭풍, 목성의 위성 이오의 격렬한 화산 폭발, 목성의 또 다
른 위성인 유로파의 갈라진 얼음 표면을 사진으로 찍어 보
내왔습니다. 놀랍게도 목성이 도넛 모양 고리로 둘러싸여
있다는 사실도 발견했지요(목성 고리에 대해서는 용어 설

● NASA 웹사이트에 들어가면 애니메이션으로 재현된 보이저 궤적을 보
실 수 있습니다. https://science.nasa.gov/mission/voyager/planetary-voy-
age/

명서 '복사 벨트' 항목에서 더 자세히 풀어놓았습니다).

세이건이 보여 주듯 두 보이저는 토성에도 접근했습니다. 토성의 사진을 최초로 찍은 탐사선은 미국에서 1973년 발사된 파이어니어 11호였지만, 해상도가 훨씬 높은 보이저의 사진은 작은 얼음덩어리가 수없이 모여 형성한 토성 고리의 미세한 구조까지 담아냈습니다. 보이저가 토성을 응시하기 전까지만 해도 천문학자들은 토성 고리가 단 몇 개의 고리로만 이루어져 있다고 생각했습니다. 그런데 토성 고리는 생각보다 훨씬 더 복잡한 구조를 갖고 있었지요. 수천수만 개의 가느다란 고리가 토성을 감싸고 있었던 겁니다. 심지어 두 고리가 밧줄처럼 꼬인 구조도 발견되었습니다. 1997년 발사되어 2004년 토성의 세계에 진입한 카시니-하위헌스 탐사선에 의해 밝혀진 바에 따르면, 그런 독특한 구조는 고리 근처 위성들과의 상호작용으로 형성됩니다. 놀랍게도 토성 고리는 고정되어 있지 않고 끊임없이 바뀌는 역동적인 구조물이었던 겁니다!

세이건이 전하는 보이저의 여행담은 토성의 위성 타이탄에서 마무리됩니다.[2] 보이저는 타이탄의 모습을 사진으로 담고 타이탄의 대기가 대부분 질소로 이루어져 있다는 사실을 밝혀냈지만, 대기가 워낙 두꺼워서 지표면 사진을 찍진 못했습니다. 그 후로 타이탄은 미지에 가까운 세계로 남아 있다가 카시니-하위헌스 탐사선이 2005년 착륙선을 내려보내면서 상상을 뛰어넘는 모습을 드러냈습니다. 낙하산을 펴고 타이탄 지표면에 무사히 도착한 착륙선 앞에는 물 얼음으로 된 산과 계곡 사이로 액체 메탄이 강처럼 흐르고 있었습니다. 타이탄에는 심지어 메탄이 증발해 구름이 되었다가 다시 비로 내리기도 합니다.

제2장에서 과학자들이 외계 생명체 거주지의 유력한 후보로 꼽는 곳이 목성의 얼음 위성 유로파와 토성의 얼음 위성 엔셀라두스라고 한 걸 기억하시나요? 타이탄도 후보지 가운데 하나입니다. 생명 작용의 필수라고 여겨지는 탄소가 워낙 풍부한 데다 대기에서의 복잡한 화학 작용을 통해 생명체를 구성하는 다양한 탄소 화합물이 만들어지기 때문입니다. 물론 타이탄 지표면에는 액체 물이 아닌 액체 메탄만 존재하므로 생명 현상의 메커니즘은 물을 사용하는 지구의 생명체와 매우 다르리라 추정됩니다. 더군다나 유로파와 엔셀라두스처럼 타이탄의 얼음 껍질 밑에도 물바다가 존재하는 것으로 여겨집니다. 어쩌면 지표면에는 메탄을 사용하는 생명체가, 그 아래 지하 바다에는 물을 사용하는 생명체가 존재할지 모릅니다. 실제로 타이탄에 우

주선을 착륙시켜 생명체를 탐사하는 계획도 추진 중입니다. 드래곤플라이라고 불리는 드론형 로봇은 빠르면 2028년 7월에 발사될 예정입니다. 드래곤플라이는 2034년쯤 타이탄에 착륙해 얼음 산과 메탄 강을 누비며 생명체의 흔적을 찾아 헤맬 겁니다.

독단적인 과학의 발전: 패러다임과 퍼즐 풀이

세이건의 서사 속에서 보이저호의 우주 탐사는 17세기 네덜란드 공화국과 연결됩니다. 제3장에서 그랬듯 독자에게 전달할 메시지를 뒷받침하기 위해 역사를 호명하는 것입니다. 세이건이 묘사하는 당시 네덜란드는 모든 학자의 이상향처럼 보입니다. 왕이나 군주에게 권력이 집중되는 전제 정치가 아닌, 국민에게 권력이 분산되는 공화 정치의 나라. 그 덕분에 사회 전반에 개방적 사고가 퍼져 자유롭게 의견을 교환하는 나라. 세이건의 서사에 따르면 그러한 분위기 속에서 불세출의 과학자가 수없이 배출되었고, 그들의 자유로운 탐구 정신은 훗날 보이저의 우주 탐사로 이어졌습니다.

이처럼 세이건은 과학이 발전하려면 사상의 자유가 전제되어야 한다고 본 것 같습니다. 얼핏 생각하면 당연한 것으로 느껴집니다. 모든 것을 제한 없이 탐구하고 가감 없이 비판할 수 있는 자유가 있어야 학문이 발전하는 것 아닐까요?

하지만 과학자들의 활동을 들여다보면 일종의 독단성이 발견됩니다. 예를 들어 2011년 유럽 입자물리 연구소 CERN에서 빛보다 빠른 중성미자를 발견했다고 발표한 적이 있습니다. 하지만 모든 과학자가 철석같이 믿는 상대성이론에 따르면 그 무엇도 빛보다 빠를 수는 없습니다. 과학자들이 상대성이론에 의심의 눈길을 던졌을까요? 아닙니다. 대부분은 실험이 잘못되었을 것이라고 추측했습니다.[3] 이처럼 잘 확립된 법칙 또는 원리에 대한 과학자들의 믿음은 매우 확고합니다. 만약 누군가가 상대성이론이나 진화론을 비판한다고 생각해 보세요. 엄청난 비난에 처할 겁니다.

학교에서 과학을 배울 때도 마찬가지입니다. 대학교 과학 강의에서 가르치는 대부분은 지식을 비판하는 방법이 아닙니다. 오히려 기존의 지식 체계를 최대한 빠르게 습득하고 문제를 푸는 방식을 터득하는 것이 목적이지요. 예를 들어 뉴턴의 운동 법칙 'F=ma'(힘=질량×가속도)를 배울 때는 힘과 질량이 도대체 뭐길래 이런 관계가 성립하는

지에 대해 묻지 않습니다. 일단 옳은 것으로 받아들이고 법칙을 이용해 다양한 문제를 푸는 데 집중하지요.

이런 사례들을 떠올려 보면 과학 활동은 자유와 거리가 멀어 보입니다. 심지어 이런 독단성이 과학 발전에 필수적인 요소라고 강조한 사람도 있습니다. 바로 과학철학자 토머스 쿤입니다. 과학사를 깊이 들여다본 쿤은 어떤 과학자들이 뛰어난 연구 성과를 이루면 다들 그들의 활동을 모방하고 그 과정에서 과학적 전통이 생겨난다고 주장했습니다. 그런 다음 그 과학적 전통에 패러다임paradigm이라는 이름을 붙이고, 패러다임의 틀 안에서 수행하는 과학 활동을 정상과학normal science이라고 불렀습니다. 앞에서 제가 언급한 상대성이론과 뉴턴의 운동 법칙 또한 각각 아인슈타인과 뉴턴이 확립하는 데 크게 기여한 패러다임의 한 부분입니다.

쿤은 과학자의 정상과학 활동을 설명하기 위해 '퍼즐풀이'라는 은유를 도입했습니다. 퍼즐 풀이는 어떤 면에서 상당히 독단적인 활동입니다. 모든 퍼즐에는 틀과 규칙이 존재합니다. 퍼즐을 푸는 사람은 틀과 규칙을 의심하지 않습니다. 그냥 받아들인 채 문제를 해결하려 하지요. 쿤은 정상과학이 퍼즐 풀이 같다고 보았습니다. 패러다임이 정한 규칙에 따라 미해결 문제를 풀어 가며 지식 체계를 더욱 정밀하게 다듬는 것이 정상과학의 본업이라고 생각했던 겁니다.

하지만 패러다임이 바뀔 때도 있습니다. 오랫동안 정상과학을 수행하다 보면 패러다임에 잘 들어맞지 않는 변칙 사례가 등장합니다. 앞서 언급한 빛보다 빠른 중성미자가 그런 사례입니다. 변칙 사례가 나타나면 과학자들은 패러다임을 유지하기 위해 최대한 노력합니다. 중성미자의 예시처럼 실험 결과를 부정할 수도 있고, 기존의 패러다임 속에서 새로운 개념을 도입해 해결할 수도 있습니다. 이러한 활동 역시 퍼즐 풀이에 해당합니다. 그런데 변칙 사례가 너무 많이 쌓이거나 퍼즐이 너무 오랫동안 해결되지 않으면 패러다임에 위기가 찾아옵니다. 기존 패러다임과 전혀 다른 이론이나 개념을 도입해 문제를 해결하려는 과학자가 점차 많이 생겨나지요. 이렇게 새로운 해결 방안을 찾으면 이를 추종하는 사람들이 생기고, 추종자가 충분히 모이면 새로운 패러다임이 만들어집니다. 쿤은 이렇게 두 패러다임이 경합을 벌이다가 새로운 패러다임이 승리하는 사건을 과학 혁명scientific revolution이라고 불렀습니다. 뉴턴의 운동 법칙으로 대표되는 패러다임이 아인슈타인의 상대

성이론 패러다임으로 바뀐 것이 과학 혁명의 유명한 예시입니다.●

　　그래서 패러다임과 정상과학이 세이건의 견해와 무슨 상관이 있냐고요? 제가 쿤의 패러다임 개념을 언급하며 전달하고자 한 메시지는 사상의 자유만이 과학의 발전에 기여하는 것은 아니라는 점을 전달하고 싶었습니다. 사람들은 흔히 과학의 발전이라고 하면 거대한 도약을 떠올립니다. 뉴턴의 이론이 아인슈타인의 이론으로 대체되는 것 같은 큰 변화 말이지요. 이러한 과학 혁명 시기에는 분명 세이건이 말한 자유로운 탐구 정신이 빛을 발합니다. 과학자들은 창의성을 발휘해 새로운 개념을 제안하고, 실제로 다양한 견해를 둘러싸고 비판도 많이 이루어집니다.

　　하지만 독단성이 특징인 정상과학 또한 중요한 과학 활동입니다. 이제 막 학교에 입학해 패러다임을 학습하는 것, 퍼즐을 풀며 패러다임을 더욱 정교하게 다듬는 것, 기존 패러다임에 기반해 변칙 사례를 해결하는 것은 과학 혁명보다 덜 두드러질지 모르지만 과학 발전의 중요한 단계입니다. 정상과학이 없으면 변칙 사례 자체가 발견되지 않습니다. 애초에 변칙 사례는 기존 패러다임에 맞지 않는 예시를 의미하니까요. 정상과학의 독단성이 있어야 변칙 사

례가 생겨나고, 그래야 과학 혁명도 일어날 수 있습니다. 세이건이 말하는 자유로운 탐구와 비판에만 집중하면 과학 활동의 또 다른 핵심인 정상과학의 역할을 간과할 수 있습니다.

퍼즐을 푸는 과학자들의 밤은 오늘도 깊어 갑니다. 혁명적 변화는 없을지 모르지만 과학은 오늘도 조금씩 발전하고 있습니다.

광전 효과 photoelectric effect 금속에 빛을 쪼일 때 빛의 진동수가 특정 값보다 높아지면 금속에서 전자가 방출되는 현상을 말합니다. 이때 튀어나오는 전자를 **광전자** photoelectron 라고 부릅니다. 전자가 방출되는 특정한 진동수 값은 금속의 종류마다 다릅니다.

극초단파 ultra high frequency 빛의 스펙트럼에서 적외선과 전파 사이에 위치하는 빛을 **마이크로파** microwave 라고 부르는데요. 마이크로파를 더 세부적으로 나눴을 때 그중 한 부분을 극초단파라고 합니다. 휴대폰이나 무선 인터넷, 전자레인지 등에 활용됩니다.

복사 벨트 radiation belt 복사 벨트라느니 고리 구조라느니 목성 주변에 뭐가 이렇게 많나 싶죠? 먼저 지구를 둘러싸고 있는 복사 벨트(더 흔하게는 복사대帶라고 부릅니다)를 살펴봅시다. 지구는 하나의 자석과 같다는 말을 들어보신 적이 있을 겁니다. 막대자석이 자기장으로 둘러싸여 있듯, 지구도 내부 구조가 형성하는 자기장으로 둘러싸여 있습니다. 우주를 돌아다니던 하전 입자(전기를 띠는 입자, 다른 말로 대전 입자라고도 합니다)나 태양에서 온 하전 입자가 지구 근처를 지나가다가 지구 자기장에 갇힐 때가 있습니다. 북극과 남극을 계속 오가면서 벗어나지 못하는 것이지요. 이런 입자들의 흐름을 바로 복사대라고 하는데, 지구의 경우에는 **밴앨런 복사대**Van Allen radiation belt라고 부릅니다. 목성도 지구처럼 자기장을 만듭니다. 따라서 하전입자들의 흐름, 즉 복사대로 둘러싸여 있지요. 이게 바로 목성의 복사 벨트입니다.

그렇다면 목성의 고리 구조는 뭘까요? 고리 구조는 목성의 위성 중 하나인 이오가 화산 활동으로 방출한 입자들이 목성을 감싸고 있는 도넛 모양의 구조를 말합니다. 수학에서는 도넛 모양을 '토러스'torus라고 부르는데, 그래서 이오와 목성을 감싸고 있는 이 고리 구조를 이오 토러스Io torus라고도 합니다.

빛의 굴절 법칙law of refraction of light 일단 굴절이 뭔지부터 알아야겠습니다. 대부분의 파동은 매질 속에서 움직입니다. 물이 없는 수면파, 공기가 없는 음파는 존재하지 않으니까요. 그런데 파동이 한 매질에서 움직이다가 다른 매질 속으로 들어가면

어떻게 될까요? 파동은 매질마다 다른 속도로 움직이기 때문에 매질 경계면에서 갑자기 진행 방향이 꺾이는 현상이 발생합니다. 이걸 바로 **굴절**refraction이라고 합니다. 네덜란드의 수학자 빌러브로어트 스넬리우스(영어로는 스넬)는 굴절 현상이 일정한 법칙을 따른다는 사실을 발견했습니다. 그리고 빛이 두 매질 사이의 경계면을 지날 때 어떤 방식으로 굴절되는지를 정량적인 수식으로 나타냈습니다. 이를 빛의 굴절 법칙이라고 하고, 스넬리우스의 공로를 기리기 위해 스넬의 법칙이라고 부르기도 합니다.

양자 역학quantum mechanics 듣기만 해도 머리가 아픈 이름입니다. 하지만 사실 그렇게 무서워할 필요는 없습니다. 분자나 원자 혹은 그보다 작은 기본 입자(전자와 쿼크 같은 것)처럼 매우 미세한 세계를 다루는 물리학 이론 체계를 양자 역학이라고 부를 뿐입니다. 물론 깊게 들어가면 복잡하고 흥미로운 이야기를 많이 할 수 있겠지만, 다행히도 『코스모스』에는 양자 역학에 대한 내용이 거의 나오지 않습니다.

용융melting 고체가 액체로 변하는 과정, 즉 녹는 과정을 말합니다.

입자-파동 이중성 wave-particle duality 양자 역학 교양 과학 책에서 십중팔구 등장하는 용어 레퍼토리가 있습니다. 그중 하나가 바로 입자-파동 이중성입니다. 양자 역학이 만들어지던 1920년대, 빛과 전자가 입자와 파동의 성질을 둘 다 갖는 것처럼 행동한다는 사실이 밝혀지면서 모든 물질은 입자성과 파동성을 동시에 갖는다는 관점이 널리 받아들여졌습니다. 이러한 이중적 성질을 입자-파동 이중성이라고 부릅니다. 입자일 수도 있고 파동일 수도 있다니, 어딘가 철학적으로 느껴지기도 합니다. 인간에게는 입자성과 파동성을 동시에 갖는 특징을 일관되게 표현할 언어가 없으므로 이해하지 않고 그냥 받아들여야 한다는 식으로 말하기도 합니다. 많은 교양 과학 책이나 영상에서 입자-파동 이중성을 이런 식으로 논의하긴 하지만, 사실 그러한 접근은 과장된 면이 있습니다.

여기서 자세히 다루긴 힘들지만, 오늘날 물리학자들은 **양자장 이론** quantum field theory이라는 이론 체계를 바탕으로 빛과 물질이 이중성을 보이는 이유를 일관되게 설명합니다. 양자장 이론에 따르면 빛과 물질은 모두 파동입니다. 그런데 여기서 파동은 우리가 흔히 떠올리는 수면파 같은 파동과 다릅니다. 우선 양자장 이론은 물질과 빛을 이루는 장field이라는 것의 존재를 가정합니다. 우리가 입자로 알고 있는 것들에는 그에 대응하는 장이 존재합니다. 예를 들어 물질을 구성하는 전자와 쿼크에는 각각 전자장과 쿼크장이, 광자에는 전자기장이 대응됩니다. 중요한 것은 이 모든 장에는 '진폭이 최소인 진동', 즉 진폭이 더 이상 작아질 수 없는 진동이 존재한다는 점입니다. 이렇게 최소 진폭을 가진 가장 미세한 파동을 '양자'라고 부르지요(그렇습니다, 양자 역학의 그 양자가 이런 뜻입니다!). 자, 여기까지 오셨으면 이제 입자들을 장의 언어로 서술할 수 있습니다. 전자는 전자장의 양자이고, 쿼크는 쿼크장의 양자이며, 광자는 전자기장의 양자라는 식으로 말이지요.

정리하면, 우리가 알고 있는 모든 입자는 사실 각 장이 만들 수 있는 최소한의 파동, 가장 미세한 파동입니다. 모든 존재는 사실상 파동이라고 볼 수 있는 것이지요. 그럼 입자적인 성질은 어디서 오는 걸까요? 앞에서 최소 진폭을 가진 최소한의 파동을 양자라고 부른다고 말했지요. 이렇게 최소 단위가 존재한다는 점에서 각 장은 입자적인 성질을 띤다고 볼 수 있습니다. 당구공 한 개, 두 개는 말이 되지만, 반 개나 3분의 2개는 말이 안 되는 것과 같습니다(당구공의 최소 단위는 당구공 한 개이니까요). 예를 들어 빛은 전자기장의 파동이긴 하지만, 광자라는 최소 단위의 양자로 이루어져 있다는 점에서 입자성을 가

집니다. 빛이 보이는 모든 입자성은 바로 여기서 비롯됩니다.[4]

조석력 tidal force 어떤 천체가 행성이나 위성 같은 비교적 거대한 천체의 강한 중력을 받아 내부가 늘어났다 줄어들었다 할 때가 있습니다. 이러한 현상을 '조석'이라고 부르고, 이를 일으키는 힘을 '조석력'이라고 합니다. 마치 고무공을 수차례 주무르면 내부 마찰 때문에 고무공이 따뜻해지는 것처럼, 이오의 화산 활동도 목성과 목성의 다른 위성들이 가하는 조석력 때문에 열을 받아 발생합니다.

7장

과학은 어디서 왔는가?

밤하늘의 등뼈

지구에서 2500광년 떨어진 곳에 '크리스마스트리 성단'이라는 독특한 이름의 별 무리가 있습니다. 인터넷에 검색해 보면 이름처럼 크리스마스트리를 닮은 성단 사진을 쉽게 찾아볼 수 있습니다. 나무의 솔잎에 해당하는 녹색 빛은 성단 주변 기체들이 내는 빛을, 나무를 장식한 파란색과 흰색 빛은 성단의 별들이 방출하는 엑스선을 표현한 것입니다.

방금 말씀드렸듯이 이 '우주 트리'는 2500광년 떨어진 곳에 있습니다. 별들에서 나온 빛이 우리에게 오기까지 2500년이 걸린다는 뜻이지요. 그렇다면 천문학자들이 찍은 사진 속의 우주 트리는 사실 2500년 전의 모습이라는 말이 됩니다. 지금 이 순간의 모습은 당장 알 방법이 없습니다. 2500년이 더 지난 뒤에 우리의 후손만이 알게 되겠지요. 이처럼 천문학은 기본적으로 과거를 들여다보는 학문입니다.

이번 장에서 세이건 또한 과거를 들여다봅니다. 다만 별이 아닌 과학의 과거이지요. 천문학자가 하늘에서 망원경으로 별의 먼 과거를 바라보듯, 세이건은 우리에게 남은 역사적 문헌과 유물을 렌즈로 삼아 과학의 먼 과거를 응시합니다. 크리스마스트리 성단에서 쏘아 보낸 빛이 지금 우리에게 당도해 사진으로 모습을 드러내기까지 걸린 시간만큼, 무려 2500년 전의 과거를 말이지요. 왜 하필 2500년이냐고요? 세이건을 비롯한 많은 과학자에게 2500년 전의 역사는 굉장히 중요한 의미를 담고 있습니다. 그 특정한 시기, 특정한 장소에서 과학이 탄생했다고 믿기 때문입니다.

과학은 언제 어디서 탄생했는가?
: 고대 그리스 기원설

세이건이 과학의 발원지로 꼽는 시공간은 기원전 6세기 고대 그리스의 이오니아(오늘날 튀르키예의 서부 해안)입니다. 세이건에 따르면 이오니아 지적 활동의 특징은 크게

146

두 가지입니다. 첫 번째는 신의 개입 없이 물리적 힘의 결과와 법칙으로 자연 현상을 설명했다는 것입니다. 예를 들어 이오니아의 철학자들은 천둥 번개의 원인을 신들의 노여움으로 돌린 호메로스 같은 시인들과 달리 바람과 구름의 움직임으로 설명했습니다. 심지어 최초의 철학자로 여겨지는 탈레스는 만물이 물로 만들어졌다는 학설을 제안했고, 탈레스 이후로 다양한 물질(불, 공기, 흙, 물 등)을 통해 만물의 기원과 자연 현상을 해석하는 활동이 하나의 학풍으로 자리 잡았습니다.

두 번째 특징은 관찰과 실험을 바탕으로 지식을 쌓으려 했다는 것입니다. 가령 세이건에 따르면 철학자 엠페도클레스는 물을 옮길 때 쓰는 물도둑이라는 기구로 공기의 존재를 증명했다고 합니다. 위쪽 구멍을 막은 빨대를 음료에 집어넣으면 빨대 속 공기가 빠져나가지 못하고 갇혀서 음료가 빨대로 들어가지 못합니다. 엠페도클레스는 이와 마찬가지로 구멍이 막힌 물도둑을 물에 집어넣으면 물이 그 안으로 들어가지 않는다는 '실험'을 수행했습니다. 이러한 실험을 통해 공기가 물질임을 증명했다는 것이 세이건의 설명입니다.

과학은 정말로 고대 그리스에서 태동했는가?
: 그리스 애호증

과학의 기원과 관련해 고대 그리스의 중요성을 설파하는 사람이 세이건만 있는 건 아닙니다. 수많은 과학 교양서에서 고대 그리스를 중요한 시기로 다루고 있지요. 과학사학자들 또한 그리스가 과학의 태동에 큰 영향을 미쳤다는 데 이견이 없습니다. 하지만 이오니아의 학설과 실천이 과학의 발전에 어떤 측면에서 어느 정도로 영향을 미쳤는지는 따져 볼 문제입니다. 섬세하게 접근하지 않으면 자칫 과거의 과학 속에서 현대의 과학과 유사한 점만을 찾아낸 다음 그 중요성을 지나치게 부풀리는 실수를 범할 수 있습니다.

고대 수학을 연구한 역사학자 데이비드 핀그리는 과학의 기원을 고대 그리스에서 필요 이상으로 찾으려는 경향에 '그리스 애호증'Hellenophilia이라는 이름을 붙였습니다.[1] 어감이 거칠긴 하지만, 얼마나 많은 이가 고대 그리스 기원설을 부주의하게 설파했기에 이런 이름을 지었을까 생각하면 이해가 되기도 합니다. 핀그리에 따르면 '그리스 애호가'는 네 가지 잘못된 믿음을 가지고 있습니다. 첫째, 고대 그리스인이 과학을 발명했다. 둘째, 그들이 우리가 현재 사용하는 과학적 방법론을 발견했다. 셋째, 오직 그리스에서 시작된 과학만 참된 과학이다. 넷째, 오늘날 과학자들이 수행하는 과학만이 유일한 과학이며 이는 고대 그리스에서 비롯됐다.

핀그리의 관점에서 보면 세이건도 똑같은 실수를 범하고 있습니다. 핀그리의 지적처럼 우리는 그리스인이 바빌로니아와 이집트의 선행 지식을 바탕으로 '그들 나름의 과학'을 수행한 것임을 잊어선 안 됩니다. 바빌로니아인은 그리스인보다 먼저 태양과 달의 움직임을 수열 형식의 도표로 작성해, 새로운 달의 시작을 예측하고 월식과 일식의 주기를 발견했습니다. 이집트인 또한 각뿔과 같은 입체의 부피를 계산할 만큼 기하학의 수준이 상당했고, 약물 조제와 외과 의술을 비롯한 의학 지식을 체계적으로 기록했습니다.[2]

만일 세이건처럼 그리스인이 과학을 발명했고 그들의 활동만을 과학이라고 본다면 바빌로니아와 이집트의 지적 활동은 뭐라고 불러야 할까요? 태양과 달을 면밀하게 관측해 주기를 파악하고 다양한 시행착오를 거쳐 약물과 의술에 대한 경험적 지식을 축적하는 것 또한 훌륭한 과학 활동으로 봐야 하지 않을까요? 물론 그리스인이 자연 현상을 물리적 요소와 법칙으로 설명하려 했다는 것은 굉장히 중요합니다. 하지만 그렇다고 해서 그 특징이 과학의 전부는 아닙니다. 그리고 그로부터 그리스인이 과학을 발명했다는 결론이 곧바로 뒤따르지도 않습니다.

세이건이 그리스 과학의 특징으로 강조한 실험적 방법에 대해서도 다시 생각해 봅시다. 세이건은 엠페도클레스가 물도둑을 활용해 공기가 물질임을 증명했다고 말합니다. 정말로 그랬는지, 그 출처에 해당하는 엠페도클레스의 시 「자연에 관하여」의 한 대목을 직접 읽어 볼까요? (왜 뜬금없이 시가 나오느냐고요? 당시에는 사상가들이 자신의 주장을 시로 설파하는 것이 일종의 관례였답니다.)

> 모든 것은 다음과 같이 숨을 들이쉬고 내쉰다.
> 모든 것에는 피가 꽉 차 있지는 않은 살로 된 관들이 몸
>   표면까지 뻗어 있으며,
> 그것들의 입구에 있는 피부의 표피는 촘촘히 나 있는 구
>   멍들로 쭉 뚫려 있네.
> 그래서 표피는 피를 막고 있지만, 공기가 쉽게 통할 수
>   있도록 터져 있네.
> 이리하여 부드러운 피가 거기에서 격하게 물러갈 때
>   마다,

돌진하는 공기가 거세게 몰아쳐 들어오고, 피가 다시 밀
어닥치면 공기가 빠져나가네.
마치 여자애가 빛나는 청동 클렙쉬드라(물도둑)를 갖고
놀듯이.
그 관의 좁은 목을 예쁜 손으로 막고서 반짝이는 은빛 물
의 부드러운 몸체에 관을 담글 때,
어떤 물도 용기 안으로 들어오지 않고,
내부 공기 덩어리가 촘촘히 열린 구멍들 위에 떨어져 물
을 막고 있네.[3]

직접 읽어 보니 어떠신가요? 엠페도클레스가 정말 실
험을 수행한 것 같으신가요? 시를 보면 알 수 있듯이 엠페
도클레스는 생물이 피부로 호흡하는 방식을 설명하는 맥
락에서 물도둑을 도입했습니다. 피부에 뚫린 관 속에서 피
가 들어왔다 나갔다 할 때 공기도 덩달아 들어왔다 나가면
서 호흡이 이루어진다고 설명한 것이지요.

엠페도클레스의 설명을 실험적 방법으로 간주한 세
이건의 견해는 사실 고대 그리스 과학사를 연구한 벤저민
패링턴의 주장을 그대로 따른 것입니다(실제로 이번 장에
서 패링턴의 연구를 인용하고 있지요). 패링턴은 『그리스

과학』이라는 저술에서 "엠페도클레스가 인류 지식에 지대하게 기여한 공로는 맨눈에 보이지 않는 공기의 물질성을 실험적으로 증명한 것이었다"라고 단언합니다.[4]

　　하지만 패링턴과 마찬가지로 그리스 과학을 탐구한 데이비드 펄리가 지적하듯 엠페도클레스는 단지 호흡 메커니즘을 설명하기 위해 그와 유사한 것으로 보이는 물도둑 작동 방식을 언급했을 뿐입니다. 공기가 물질이라고 주장하려 한 것이 아니었지요. 게다가 엠페도클레스의 설명 방식에는 실험적 방법의 핵심 요소, 즉 실험 조건을 통제한다거나, 명확한 질문에 대한 답을 찾으려고 노력한다거나, 실험 결과가 분명하게 나오기 전에는 결론을 내리지 않는 태도 같은 것들이 빠져 있습니다. 결국 펄리의 말대로 엠페도클레스의 물도둑 관찰은 실험이라기보다는 호흡 메커니즘에 대한 주장을 뒷받침하기 위한 유비로 보는 것이 더 적절해 보입니다.[5]

과학은 왜 다른 곳에서는 탄생하지 못했는가?
: Why not 질문

과학이 단 하나의 문명에서 등장했다는 믿음은 흔히 다음과 같은 질문으로 이어집니다. '그렇다면 과학은 왜 다른 곳에서는 시작되지 못했을까?' 세이건도 과학이 왜 인도나 이집트, 바빌로니아, 중국에서 나타나지 못했는지, 왜 하필 이오니아에서 탄생했는지 묻습니다. 그리고 그 답을 중앙 권력의 부재와 그에 뒤따른 다양하고 자유로운 탐구에서 찾으려 하지요.

이처럼 '어떤 문명에서는 왜 과학이 등장하지 않았는 가?' 같은 형식으로 제기되는 질문을 과학사학자 김영식은 'why not 질문'이라고 부릅니다.[6] 김영식의 지적대로 'why not 질문'은 다양한 문제점을 안고 있습니다. 우선 이 질문에 대한 답은 과학을 무엇으로 정의하느냐에 따라 달라집니다. 세이건이 말하는 과학은 근대 과학이라고 부르는 활동, 즉 16~17세기 유럽에서 나타나 자연법칙(특히 수학으로 표현되는 법칙)과 실험을 특징으로 하는 특정한 형태의 지적 활동을 의미합니다. 그리고 근대 과학이 발생한 사건을 흔히 과학 혁명이라고 부르지요. 'why not 질문'에는 이 특정한 사건의 발생이 당연하다는 가정이 암묵적으로 깔려 있습니다. 모든 문화권에서 과학 혁명이 반드시 일어날 수밖에 없다고 가정하는 것이지요. 하지만 모든 문화권에서 그처럼 특정한 형태의 활동이 등장해야 할 필연적인 이유는 없습니다. 또 앞서 바빌로니아와 이집트를 언급하며 살펴보았듯 꼭 하나의 형태만을 과학으로 볼 필요도 없습니다.

'why not 질문'이 내포하는 문제는 또 있습니다. 세이건은 이오니아에서 과학이 태동한 원인을 중앙 집권적 정치 체제의 부재, 다양하고 자유로운 탐구, 육체노동을 중시하는 태도에서 찾으려 합니다. 반대로 말하면 다른 문화권에서는 이러한 요인이 없었기 때문에 과학을 발명하지 못했다는 뜻이 됩니다. 하지만 설령 그러한 요인이 존재했다고 해도 그 요인이 모든 문화권에서 과학의 발달에 똑같은 방식으로 영향을 미쳤으리라는 보장은 없습니다. 과학 혁명이 일어났다고 여겨지는 16~17세기 유럽에서도 세이건이 제시한 요인들에 반대되는 상황이 많이 목격된다는 점 또한 짚고 넘어가야겠습니다. ●

역사적 성취를 그 자체로 존중하기

물론 엠페도클레스를 비롯한 고대 그리스인이 물리적 요소와 경험적 지식을 중요시함으로써 과학 발전에 기여했다는 것은 의심할 여지가 없습니다. 제 요지는 그들의 성취

● 예를 들면 근대 과학의 상징적 존재로 묘사되는 17세기 잉글랜드의 화학자 로버트 보일은 공기 펌프를 사용해 진공을 재현할 수 있었지만 사실상 모든 실험 조작과 육체노동은 '보이지 않는 기술자'invisible technician의 몫이었습니다. 보일은 명령만 내렸을 뿐 조작과 기록 같은 '육체노동'은 전부 조수에게 맡겼습니다. 실험 보고서에는 보일의 이름만 기록되었습니다. Steven Shapin. 1989. "The Invisible Technician." *American Scientist* 77(6): pp. 554-563.

를 최대한 있는 그대로 대우해야 한다는 것입니다. 자연 현상에 대한 설명에 물리적 요소를 도입했다고 해서 곧바로 과학을 발명했다고 선언한다거나 관찰을 바탕으로 뭔가를 주장했다고 해서 실험적 방법을 개척했다고 단언하는 등 오늘날의 활동과 유사한 점만을 골라 평가하는 행위에는 언제나 과거 왜곡의 위험이 따릅니다. 중세 과학사학자 데이비드 린드버그의 말처럼 우리는 "과거를 오늘날 과학의 귀감이나 선구자로 멋지게 채색하려는 유혹에 저항"해야 하며, "옛 세대가 자연에 접근하였던 방식을 그 자체로 존중해야" 합니다.[7] 역사적 행위자들을 현대를 예견한 인물로만 평가하려 한다면 오히려 고유의 훌륭함과 아름다움을 훼손하고 말 겁니다.

용어 설명

겉보기 운동apparent motion 지구의 자전과 공전 때문에 생기는 천체의 운동을 말합니다. 예를 들어 우리는 태양이 동쪽에서 떠서 서쪽으로 진다고 말하지만, 사실 이러한 운동은 지구의 자전 때문에 '겉보기'에만 그렇게 보일 뿐입니다.

물리량physical quantity 측정 가능해서 정량적으로 표현될 수 있는 물질의 성질을 말합니다. 길이, 넓이, 온도, 전류 등이 모두 물리량에 포함됩니다.

발생학embryology 출생하기 전의 개체 발생과 형태 형성을 연구하는 학문입니다. 생식 세포가 만나 수정되는 현상, 그로부터 배胚가 형성되는 양상, 배가 성장하여 개체가 되는 과정 등을 탐구합니다.

시차parallax 동일한 물체를 서로 다른 방향에서 관측했을 때 생기는 겉보기 위치 차이를 시차라고 합니다(다음 그림 참고). 오래전부터 천문학자들은 시차를 사용해 지구와 천체 사이의 거리를 측정했습니다. 한 천체를 6개월 간격으로 관측하면 시차 때문에 발생하는 상대적인 위치 차이를 각으로 표현할 수 있는데요. 그 각을 **연주 시차**annual parallax라고 합니다. 그리고 관측을 수행한 두 시점에 지구가 있었던 위치를 이은 선을 기선基線, baseline이라고 부릅니다. 연주 시차와 기선을 포함한 간단한 수식을 사용해 계산하면 지구에서 천체까지의 거리를 구할 수 있습니다. 하지만 천체가 너무 멀리 떨어져 있으면 시차를 제대로 관측할 수가 없으므로 한계가 있는 방법이기도 합니다.

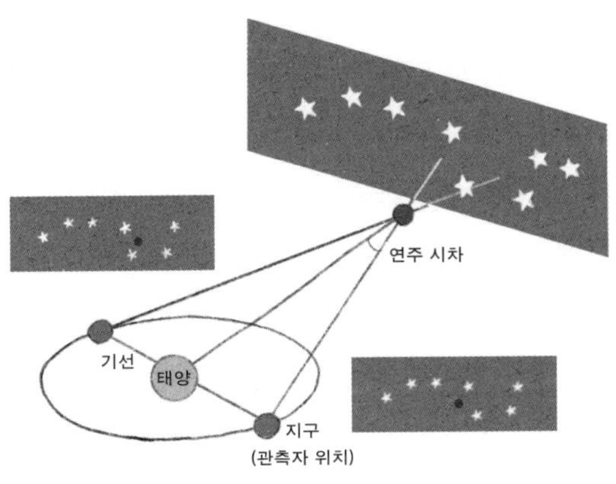

중력 수축gravitational contraction 천체가 중력 때문에 수축하는 현상을 말합니다. 예를 들면 나이 든 별은 형체를 유지할 수 있

는 에너지를 소진하면 중심으로 급격하게 수축하게 됩니다. 중력 수축이 별의 일생에서 어떤 역할을 하는지는 제9장 본문에서 더 자세히 살펴보겠습니다.

쿼크quark 모든 물질은 원자로 이루어져 있습니다. 그럼 원자는 무엇으로 이루어져 있을까요? 가장 흔한 원자 모형으로 설명하면, 원자핵이 중심에 있고 그 주변을 전자가 돌고 있는 장면을 떠올리시면 됩니다. 여기서 끝일까요? 그렇지 않습니다. 원자핵은 양성자와 중성자로 이루어져 있고, 양성자와 중성자는 쿼크라는 입자로 이루어져 있습니다. 따라서 모든 물질은 쿼크와 전자로 만들어진다고 볼 수 있습니다. 쿼크는 '맛깔'flavor이라는 성질에 따라 총 여섯 가지가 있는 것으로 알려져 있습니다(『코스모스』에는 '냄새'로 번역되어 있지만 맛깔이라 부를 때가 더 많습니다).

8장

태양계를 벗어날 수 있을까?

시간과 공간을 가르는 여행

2024년 9월 12일 오전 6시 50분. 730킬로미터 상공에서 궤도를 돌던 우주선 출입구 밖으로 누군가가 고개를 내밉니다. 두 손으로 사다리를 단단히 잡고 고개를 든 그의 눈앞에 창백하고 둥근 행성이 떠오릅니다. "여기서는 세상이 정말 완벽해 보인다"라는 말을 남긴 그는 '완벽한 지구'를 바라보며 10분 남짓한 우주 유영을 마치고 차가운 우주를 뒤로한 채 다시 우주선 안으로 몸을 옮깁니다. 그의 이름은 재러드 아이작먼. 민간인 최초로 우주로 나간 인물로 역사에 이름을 남겼습니다. 스페이스X가 주도한 민간 우주 프로젝트 폴라리스 던의 일환으로 수행된 우주 유영 미션은 인류의 우주 개발 수준을 한 단계 높였다는 평가를 받습니다.

　이처럼 우주는 이제 전문 우주 비행사만이 아니라 민간인도 꿈꿀 만한 공간이 되었습니다. 폴라리스 던 미션을 위한 우주선은 지구를 둘러싼 궤도를 돌았을 뿐이지만, 민간 우주 산업의 개발 속도를 생각하면 지구를 벗어나 태양계의 다른 행성으로, 심지어 더 범위를 넓혀 다른 항성계로 향할 일도 머지않은 것처럼 느껴집니다.

　세이건 또한 이번 장에서 인류가 태양계를 벗어날 가능성을 논의합니다. 세이건이 말하듯 인류의 둥지 태양계를 벗어나려면 속도의 기술적 한계를 극복해야 합니다. 태양계에서 가장 가까운 별은 프록시마 센타우리로 지구에서 약 4.2광년 떨어져 있습니다. 2021년에 최고 기록 속도를 달성한 파커 태양 탐사선Parker Solar Probe도 프록시마 센타우리까지 도달하는 데 8000년 이상 걸린다고 합니다.[1] 몇백 세대의 후손들을 수용할 수 있는 다세대 우주선을 띄워 먼 후손들이 도착하게끔 하지 않는 이상, 우리에게는 우주의 광막함을 극복할 만큼 빠른 우주선이 필요합니다. 이번 장에서는 세이건이 제시하는 사례를 비롯해 성간 우주 비행 수단을 몇 가지 살펴보겠습니다.

그 전에 잠깐, 이번 장을 본격적으로 시작하기 전에 말씀드릴 것이 있습니다. 『코스모스』여덟 번째 장은 아인슈타인과 특수상대성이론에 대해 다소 장황하게 설명하며 시작합니다. 그 주된 목적은 광속의 성질(우주선이 얼마나 빠른지를 평가하는 기준)을 살펴보고 이를 바탕으로 우주여행의 전망을 가늠하기 위한 것인데요. 솔직히 말하면 세이건의 설명만으로 특수상대성이론을 이해하는 것은 불가능에 가깝습니다. 그러니 이해가 가지 않더라도 걱정하지 마세요. 그냥 '이런 게 있구나' 하며 넘어가셔도 책의 주된 논지를 파악하는 데는 전혀 지장이 없습니다. 그럼에도 관련된 내용이 궁금하신 분들을 위해 조금이나마 이해에 도움이 되도록 '특수상대성이론' 항목에 약간의 설명을 덧붙여 놓았습니다. 자, 이제 본격적으로 우주여행 이야기를 시작해 보겠습니다.

요람에서 떠나는 방법: 오리온부터 태양 돛까지

"지구는 인류의 요람이지만 영원히 요람에서 살 수는 없다." 우주 항공 기술의 선구자로 여겨지는 러시아의 로켓 과학자 콘스탄틴 치올콥스키의 말입니다. 치올콥스키의 말은 오랜 세월 동안 살아남은 여타 격언처럼 간명하면서도 매력적입니다. 지구를 떠나 다른 별로 향한다니 과학 소설에서 접할 법한 상상 같지만, 놀랍게도 과학자들은 별 사이를 누비는 우주선, 즉 성간 우주선을 진지하게 고안해 왔습니다.

세이건은 세 가지 사례를 소개합니다. 1950년대부터 미국 정부에서 논의하기 시작한 오리온 계획은 우주 공간에서 원자폭탄을 터뜨려 추진력으로 이용하는 우주선을 설계하는 것이었습니다. 1970년대 영국 행성간 학회에서도 핵융합을 활용하는 우주선 제작 프로젝트 다이달로스 계획을 진행했지요. 순전히 이론적인 추정치이긴 하지만, 두 우주선은 광속의 10분의 1까지 움직일 수 있다고 합니다. 미국의 물리학자 로버트 버사드가 1960년 고안한 버사드 램제트라는 기술도 있습니다. 버사드 램제트 엔진을 탑재한 우주선 역시 다이달로스처럼 핵융합으로 추진력을 얻지만, 미리 연료를 싣지 않고 우주 공간에 떠도는 수소를 흡입해서 연료로 사용한다는 독창적인 발상입니다.

더 최근에 등장해 논의되고 있는 수단으로는 태양 돛이 있습니다.[2] 말 그대로 우주에서 돛을 펼쳐 태양 빛이 돛을 밀어내는 힘으로 우주선을 움직인다는 생각입니다. 이 기술은 실제로 사용된 적이 있다는 점에서 고무적입니다.

일본 우주 항공 연구 개발 기구JAXA가 2010년 발사한 우주선 이카로스IKAROS는 태양광 추진 수단을 최초로 활용해 금성까지 도달하는 데 성공했습니다.

현재 태양 돛 우주선을 가장 가까운 별 프록시마 센타우리까지 보내는 계획이 추진 중입니다. 이름하여 브레이크스루 스타샷, 억만장자 유리 밀너와 스티븐 호킹, 마크 주커버그 같은 유명 인사가 참여한 것으로 알려져 있습니다. 향후 한 세대 내로 프록시마 센타우리까지 초소형 탐사선을 보낸다는 야심 찬 목표입니다. 태양광만으로 부족한 추진력은 레이저 같은 인공 광원으로 보완하겠다는 것이 계획의 골자로, 일단 우주 공간에서 돛을 편 다음 지구에서 레이저를 쏘아 돛에 맞춰 가속하는 방법을 논의 중입니다. 이 방법을 사용하면 몇 분 내로 광속의 5분의 1까지 급가속해 20년 만에 프록시마 센타우리까지 도달할 수 있다고 합니다.

빛보다 빠르게 항해하기: 웜홀과 워프 드라이브

그 무엇도 빛보다 빨리 달릴 수 없다는 말을 들어 보셨을 겁니다. 그렇습니다. 세이건도 말하듯 광속은 속도의 궁극적 한계입니다. 기술적으로 극복하기 힘들다는 것이 아니라 기본 물리 법칙에 의해 원천 차단되어 있다는 뜻입니다. 좀 복잡한 이야기긴 하지만, 어떤 물체가 가속해서 광속에 도달하려면 말 그대로 무한대의 에너지가 필요합니다. 따라서 빛의 속도에 근접할 수는 있어도 넘어서는 건 불가능합니다.

그럼에도 일부 과학자는 빛의 속도라는 한계를 돌파할 가능성을 모색하면서 많은 사람의 상상력을 자극해 왔습니다. 놀랍게도 완전히 허무맹랑한 이야기는 아닌 셈입니다. 그 가능성 중 하나가 웜홀wormhole을 이용하는 것인데, 아마 여러분도 익숙하실 겁니다. 영화 『인터스텔라』에서 주인공이 토성 근처의 웜홀을 통해 아득히 먼 은하로 향하지요.

웜홀은 우주 공간에서 멀리 떨어진 두 지점을 연결하는 경로를 말합니다. 산에 터널을 뚫어 놓으면 먼 길을 돌아가지 않고 곧바로 통과할 수 있는 것과 비슷합니다. 이 '우주 지름길'을 이용하면 빛의 속도로 먼 거리를 직접 달리는 것보다 빠르게 목표 지점에 도착할 수 있습니다. 실제로 빛의 속도보다 빠르게 달릴 필요가 없으니 물리 법칙에 위배되지 않습니다.

또 하나의 가능성은 워프 드라이브warp drive입니다. 주변의 시공간을 조작해 우주선을 움직이는 방법입니다. 서퍼는 움직이지 않지만 파도가 서퍼를 밀어내는 것과 비슷합니다. 앞서 말했듯이 어떤 물체도 빛의 속도를 넘어설 수 없지만, 상대성이론에 따르면 시공간 자체가 팽창하는 속도는 빛보다 빠를 수 있습니다. 따라서 워프 드라이브도 적어도 이론적으로는 가능한 수단입니다.[3]

미사여구 너머에 있는 현실

지금까지 세이건이 소개한 성간 이동 수단과 최근에 등장한 방법을 몇 가지 살펴보았습니다. 지구를 벗어나 다른 항성계로 향할 수 있는 수단이 실제로 존재한다니, 가슴이 떨리는 한편 실제로 실현 가능한 계획인지 궁금해집니다. 우리는 정말로 우주의 광막함을 극복하고 요람에서 떠날 수 있을까요?

우리가 제5장에서 만나 본 천체물리학자 아메데오 발비는 "미사여구 너머에 있는 현실"과 마주해야 한다고 지적합니다. 성간 여행의 가능성을 설파하는 사람들의 말은 그럴듯하게 들리지만, 그것이 이론적 가능성에 불과한지 아니면 실제로 현실에 적용할 만한 계획인지 따져 봐야 한다는 것입니다.

발비의 판단에 따르면 지금까지 제안된 방법 중에서 근미래에 실현될 수 있는 건 없습니다. 원자폭탄을 활용하는 오리온 계획은 현재 기술로도 추진할 수 있지만 우주 공간에서 원자폭탄을 터뜨려야 하는 위험성이 있습니다. 방사선이 우주선 선체와 주변 우주 환경에 미칠 영향을 제어할 방법이 현재로선 존재하지 않습니다. 다이달로스 계획역시 이론적으로만 가능할 뿐 핵융합을 제어하는 기술은 없는 형편입니다. 버사드 램제트의 경우도 큰 난관이 도사리고 있습니다. 우주 공간에서 수소를 모은다는 발상은 독창적이지만, 우주에 퍼져 있는 수소의 양이 터무니없이 적다는 문제가 있습니다. 극도로 적은 양의 수소 원자를 모으려면 수집기가 매우 거대해야 하는데, 어떻게 해야 거대한 수집기를 달고도 먼 거리를 이동할 수 있을지는 아직 알 길이 없습니다.

『코스모스』 출간 이후에 등장한 방법들도 전망이 그리 밝지 않습니다. 태양 돛은 실제로 사용된 적이 있다는점에서 가장 유망하지만, 설령 다른 별에 도착한다고 해도멈출 방법이 없다는 큰 문제가 있습니다. 따라서 탐사선으로는 활용할 수 있을지언정 성간 여행에 사용하긴 어려워보입니다. 웜홀과 워프 드라이브도 마찬가지입니다. 어떤 물리 법칙도 우주선이 안정적으로 통과할 수 있는 웜홀의 존재를 부정하지 않지만, 실제로 웜홀이 존재하는지, 또 인공적으로 만들 수 있는지는 아무도 알지 못합니다. 워프 드라이브의 가능성도 수학 방정식 몇 개만이 뒷받침할 뿐입니다. 심지어 워프 드라이브를 창안한 알큐비에레 본인도 수 세기 안에 워프 드라이브를 실현할 방법은 존재하지 않을 것이라는 의견을 표명한 바 있습니다.[4]

이 모든 가능성을 살펴본 발비는 이렇게 진단 내립니다. "더 현실적으로 말하자면, 인간이 다른 별에 도달하겠다는 꿈은 아마도 영원히 판타지의 세계에 갇혀 있어야 할 것이다."[5] 물론 지나치게 비관할 필요는 없습니다. 현재 불가능하다고 해서 미래에도 불가능하다는 뜻은 아니니까요. 먼 미래의 인류는 지금은 상상하지 못할 우주선을 타고 별 사이를 누빌지도 모릅니다.

제가 말하고자 하는 바는 이렇습니다. 저는 요람을 떠나게 해 줄 기술에 대한 휘황찬란한 이야기만큼, 어쩌면 그보다 더 중요한 것은 요람을 떠나 무엇을 할 것인지에 대한 담론이라고 생각합니다. 지구에서 진행하던 착취 기반의 성장을 우주로 확장하는 것이 목표라면 성간 여행에 나서지 않는 편이 더 나을지도 모릅니다. 성간 여행에 대한 기

술적 논의를 펴기 전에, 혹은 그와 동시에 우리의 목표를
점검하고 우주 윤리를 고려하는 것이 발비가 말한 미사여
구 너머의 현실에 해당하는 또 하나의 중요한 요소라고 생
각합니다.

미행성planetesimal 태양계가 형성되는 과정에서 존재했으리라 추정되는 행성 재료를 말합니다. 오늘날의 행성 형성 이론에 따르면, 태양계에서 태양이 만들어졌을 때 주변에 있는 성운 물질이 서로 뭉치면서 미행성微行星을 이뤘다고 합니다. 그 후 미행성끼리 결합하면서 행성이 되었습니다.

삼중 성계trinary star system 제1장 '쌍성계' 항목에서 쌍성계에 대해 두 별이 중력으로 묶여 서로를 도는 모임이라 간단히 설명했습니다. 여기에 하나가 더 추가되어 세 별로 이루어진 모임을 삼중 성계라고 합니다. 그럼 네 별, 다섯 별 이상으로 구성된 모임도 생각할 수 있지 않을까요? 맞습니다. 셋 이상이 모여 이루어진 별의 모임을 통틀어 **다중 성계**multiple star system라고 부릅니다. 『코스모스』에는 '단독성'라는 용어도 나오는데요. 말 그대로 쌍성이나 삼중성이 아니라 홀로 떠다니는 별이라는 뜻입니다.

수소폭탄 hydrogen bomb 핵융합 기술로 만든 폭탄을 말합니다. 핵융합은 둘 이상의 원자핵이 합쳐져서 더 큰 원자핵이 만들어지는 현상인데요. 그 과정에서 막대한 양의 열과 에너지가 나옵니다. 수소 원자핵 네 개가 융합하면 헬륨 원자핵이 만들어지는데, 여기서 나오는 열과 에너지를 살상용으로 쓰는 것이 수소폭탄입니다. 핵분열로 작동하는 원자폭탄보다 수십, 수백 배 더 강력하다고 합니다.

원자 시계 atomic clock 원자의 성질을 이용해서 만드는 시계를 말합니다. 원자는 종류에 따라 특정 주파수의 빛만 흡수합니다. 주파수는 파동에서 마루 또는 골이 특정한 위치를 1초에 몇 번 통과하는지를 나타내는 양입니다. 그럼 원자가 흡수하는 특정한 빛의 주파수를 정확하게 알 수 있다면 1초가 정확하게 얼마인지도 알 수 있을 겁니다. 원자 시계는 바로 이런 특성을 활용하여 만든 시계입니다. 주로 세슘이라는 원소로 만들어집니다.

입자 가속기 particle accelerator 아원자 입자(원자보다 작은 입자)를 높은 속도로 가속해 충돌시켜 새로운 입자를 만들거나 물리 이론을 검증하는 데 쓰는 실험 장비입니다. 대중에게 가장 널

리 알려진 입자 가속기는 프랑스-스위스 국경 지대 지하에 설치된 대형 강입자 충돌기LHC입니다. 2012년에 힉스 입자라는 것이 발견되었다고 떠들썩했던 적이 있는데, 힉스 입자가 발견된 곳이 바로 대형 강입자 충돌기입니다.

자연사 natural history 관찰과 분류를 통해 생명체를 탐구하는 학문을 말합니다. 오늘날은 거의 쓰이지 않는 역사적인 용어입니다. 말 그대로 자연의 '역사', 즉 과거부터 현재까지 어떤 생명체가 어떤 방식으로 삶을 영위했는지를 탐구했습니다. 박물학이라고도 부르는데, 진화론으로 유명한 찰스 다윈도 당시에는 박물학자로 불렸습니다.

전리 ionization 전기적으로 중성인 원자 또는 분자를 이온으로 만드는 과정을 말합니다. 그래서 **이온화**라고도 부릅니다.

천문단위 astronomical unit 지구와 태양 사이의 평균 거리(약 1억 5000만 킬로미터)를 1천문단위로 정의합니다. 주로 태양계 내에서 천체 사이의 거리를 표시하는 단위로 쓰입니다.

특수상대성이론 special theory of relativity 이름만 들어도 벌써 머

리가 아픕니다. 먼저 드리고 싶은 말씀이 있습니다. 『코스모스』에서 설명하는 내용을 이해하지 못했다고 해서 좌절할 필요가 전혀 없다는 겁니다. 감히 말하건대 세이건의 특수상대성이론 설명은 그리 체계적이거나 명쾌하지 않습니다. 개념과 논리를 찬찬히 설명하는 대신 특수상대성이론 때문에 발생하는 신기한 현상을 보여 주는 데 집중하고 있지요. 물론 다큐멘터리에 기반한 책이니 흥미 유발과 지면의 한계상 어쩔 수 없었을 겁니다.

아인슈타인의 특수상대성이론을 음미하려면 다른 책을 읽는 게 좋습니다. 특수상대성이론을 다루는 책은 많지만, 물리학자 김찬주의 『나의 시간은 너의 시간과 같지 않다』(세로북스, 2023)를 추천합니다. 배경지식이 전혀 없어도 특수상대성이론의 개념과 논리를 이해할 수 있도록 차근차근 설명하는 책입니다. 처음에는 용어와 논리가 익숙하지 않아 어려울 수 있지만, 시간을 들여 천천히 읽어 나가면 특수상대성이론의 논리적 아름다움을 느끼실 수 있을 겁니다.

이곳에서는 특수상대성이론과 관련된 모든 내용을 설명하기보다 세이건의 설명을 키워드별로 정리하면서 부연하는 방법을 택하려 합니다.

1. 광속 불변의 원리: 우선 세이건은 자전거와 마차 사고

실험을 제시합니다. 이 사고 실험을 통해서 세이건이 설명하려고 하는 것은 광속 불변의 원리입니다. 말 그대로 빛의 속력은 변하지 않고 일정하다는 것인데요. 이때 빛의 속력이 '어떤 맥락에서' 변하지 않는다는 뜻인지 이해하는 것이 핵심입니다. 『코스모스』특별판 402쪽의 그림을 보면서 읽으면 이해하기가 편하실 겁니다.

사거리 위에서 자전거가 내려오고 왼쪽에서 마차가 달리고 있습니다. 그 모습을 사거리 아래에서 우리가 바라보고 있고요. 자전거와 마차가 사거리 중앙에서 충돌한다고 합시다. 그런데 충돌하는 순간 자전거와 마차가 동시에 우리에게 빛을 발사했다고 해 볼까요? 만일 빛이 여느 물체와 똑같이 행동한다면, 빛을 발사하는 물체의 속력이 빛의 속력에 더해지는 것이 자연스러울 겁니다. (자전거를 탄 사람이 시속 20킬로미터로 달리다가 앞쪽으로 공을 시속 10킬로미터로 던진다고 생각해 보세요. 그럼 우리가 자전거 앞쪽에서 자전거를 바라보며 측정한 공의 속력은 시속 30킬로미터일 겁니다. 자전거의 속력이 공의 속력에 더해졌으니까요.) 그렇다면 우리는 마차보다 자전거를 먼저 보게 됩니다. 자전거는 우리 쪽으로 달리면서 빛을 발사했으니 빛의 속력이 더 빠르고, 마차는 옆쪽으로 가면서 빛을 발사했으니 수직 방향 빛의 속력은 그대로일 테니까요. 결과적으로 자전거를 탄 사람 입장에서는 마차와 충돌했는데 우리에게는 그렇게 보이지 않는다는 말입니다. 세이건의 말처럼 마차에 충돌하지도 않았는데 넘어지는 것처럼 보이겠지요. 모순이 발생한 겁니다. 그러므로 이런 논리적 모순이 발생하지 않으려면 빛의 속력은 빛을 발사하는 물체의 속력과 무관하게 일정할 수밖에 없다는 것이 세이건의 설명입니다.

정리하면 이렇습니다. 빛의 속력은 빛을 발사하는 물체가 어떤 속력으로 움직이든, 그리고 관찰자의 운동 상태가 어떻든 간에 변하지 않고 일정합니다. 이것이 바로 광속 불변의 원리입니다. 그렇다면 내가 아무리 빠르게 달린들 빛을 따라잡을 수는 없습니다. 아무리 빠르게 달려도 빛의 속력은 일정하니까요. 광속 불변의 원리는 아인슈타인이 특수상대성이론을 고안할 때 기반으로 삼은 두 가지 핵심 가정 중 하나입니다.

2. 상대성원리: 그렇다면 나머지 가정 하나는 뭘까요? 바로 상대성원리입니다. 상대성원리는 '일정한 속도(똑같은 빠르기, 똑같은 방향)로 움직이는 모든 관점에서 물리 법칙은 동일하다'라는 원리입니다. 얼핏 들으면 당연하게 느껴집니다. 아니, 원래 물리 법칙은 어떤 관점에서 보든 변하지 않고 다 같아야 하는 것 아닌가요? 너무 깊게 들어가면 복잡하니 자세하게 설명하진 않겠지만, 상대성원리는 아인슈타인에게 굉장히

중요했습니다. 관점과 무관하게 모든 물리 법칙이 동일하게 나타나는 이론을 만드는 것이 궁극적인 목표였거든요. 이런 의미에서 상대성이론은 사실 절대성 이론이라고 부르는 게 더 적절할지도 모르겠습니다(실제로 아인슈타인도 상대성이론보다 '불변성 이론'이라는 명칭을 더 선호했다고 합니다).

아인슈타인은 광속 불변의 원리와 상대성원리를 가정으로 삼아 논리를 전개한 끝에 특수상대성이론에 도달했습니다. 특수상대성이론은 관찰자의 운동 상태에 따라 시간과 공간이 달라지는 현상을 다루는 이론입니다. 관찰자의 운동 상태를 '일정한 속도'로 제한했기 때문에 '특수'라는 수식어가 붙었습니다. 여기서 일정한 속도라는 제한 조건을 삭제하고 속도가 변하는 관찰자까지 포괄하도록 이론을 더 일반적으로 확장한 것이 바로 일반 상대성이론입니다.

3. 특수상대성이론이 예측하는 다양한 현상들: 앞서 말했듯이 특수상대성이론은 관찰자와 주변 물체들의 운동 상태에 따라 시간과 공간이 달라지는 온갖 신기한 현상을 예측합니다. 모두 중요하고 시간을 들여 음미할 만한 것들이지만 『코스모스』는 이를 단 한두 문단 안에 담아내려 하고 있습니다(그러니 이해하기 어려운 게 당연합니다!). 아쉽지만 이곳에서도 지면의 한계상 깊게 들어가지 않고 부연 설명을 하는 정도로 만족

해야겠습니다.

제가 여러분을 향해 빛의 속력에 가까운 일정한 속도로 달려가면서 이 책을 낭독한다고 합시다(끔찍한 상상이긴 하지만 곧 끝나니 잠깐만 참아 주세요). 특수상대성이론에 따르면 여러분이 보는 제 모습은 정말이지 괴상합니다. 일단 제 몸이 운동 방향으로 줄어들어 홀쭉해집니다. 이 현상을 **길이 수축** length contraction이라고 합니다. 시간과 관련해서도 놀라운 일이 벌어집니다. 여러분의 관점에서 본 제 시간은 느려집니다. 마치 비디오테이프가 늘어진 것처럼 동작이 느릿해지고 말도 느려져서 어떤 부분을 읽고 있는 건지 도통 알 수가 없습니다. 낭독은 결국 망하게 되겠지요. 이 현상을 **시간 지연** time dilation(또는 시간 팽창)이라고 합니다. 여기서 끝이 아닙니다. 여러분이 본 제 질량도 늘어납니다. 이걸 **질량 증가** mass increase 효과라고 합니다.

놀라운 점은 이 모든 현상이 '여러분의 관점'에서만 관찰되고 '제 관점'에서는 관찰되지 않는다는 겁니다. 제가 본 제 모습은 달리기 전과 동일합니다. 홀쭉해지지도 않고 낭독도 평소와 똑같고 질량도 그대로입니다. 낭독이 망한 줄도 모를 겁니다. 이처럼 시간과 공간은 관찰자와 주변 물체들의 운동 상태에 따라 달라집니다. 놀랍게도 이 모든 결론은 앞서 설명한 두 핵심 가정에서 논리적으로 뒤따라 나온 것입니다. 광속 불변의 원리와 상대성원리만 가정했을 뿐인데 이런 신기한 현상들을 예측할 수 있는 것이지요.

그런데 왜 일상에서는 이런 효과를 눈치채지 못하는 걸까요? 우리가 일상에서 접하는 속력은 빛의 속력에 비하면 너무 느리기 때문입니다. 이미 눈치채신 분도 계시겠지만, 제가 앞에서 '빛의 속력에 가까운 일정한 속도로 달려가면서'라는 제한을 둔 것도 그래서 그렇습니다. 시간과 공간의 상대적 효과를 경험하려면 속력이 빛의 속력에 가까워져야 합니다.

세이건은 신기한 현상을 두 가지 더 언급합니다. 희망컨대 이 책이 베스트셀러가 되어서 갑자기 품절 직전이라고 합시다. 이 책의 출간 소식을 들은 여러분은 기회를 놓칠 수 없어 부리나케 서점으로 향합니다. 얼마나 급했던지 빛의 속력에 가깝게 달리고 있습니다. 그런데 이상한 일이 벌어집니다. 빛의 속력에 근접할수록 여러분의 시야가 기이하게 바뀝니다. 앞쪽에 있는 물체만이 아니라 옆쪽과 이미 지나친 뒤쪽 물체들도 전부 앞에서 보이기 시작합니다. 이게 어떻게 된 일일까요?

이걸 **빛의 상대론적 수차**relativistic aberration of light 현상이라고 합니다. 빗방울이 수직으로 떨어지는 상황에서 앞쪽으로 달려가는 장면을 떠올려 봅시다. 그럼 빗방울의 경로가 어떻게 보일까요? 비스듬히 떨어지는 것처럼 보이겠지요? 빛의 상대론적 수차 현상도 이와 비슷합니다. 사방에서 빛이 몰려오는 상황에서 광속에 가까운 속력으로 달려가면 빛의 경로가 앞쪽으로 몰리게 됩니다. 그래서 옆쪽과 뒤쪽에 있는 물체들도 보이게 되는 겁니다.

마지막 현상은 **상대론적 도플러 효과**relativistic doppler effect 입니다. 도플러 효과는 파동을 만드는 파동원과 그 파동을 보는 관찰자의 상대적 움직임에 따라 관찰자에게 관측된 파동의 진동수가 변하는 현상을 말합니다. 가장 흔히 드는 예시는 구급차의 사이렌 소리입니다. 구급차가 우리에게 다가올 때는 사이렌 소리가 점점 높아지다가(진동수 증가) 우리에게서 멀어질 때는 점점 낮아집니다(진동수 감소). 빛도 마찬가지입니다. 제가 광속에 가까운 속력으로 여러분 쪽으로 달리고 있다면, 여러분이 보는 저의 색깔(저에게서 반사되는 빛)은 진동수가 증가해서 파란색 쪽으로 이동합니다. 반대로 제가 여러분으로부터 멀어지고 있다면, 여러분이 보는 저의 색깔은 진동수가 감소해서 빨간색 쪽으로 이동합니다. 결국 제가 책을 낭독하며 여러분을 향해 광속에 가까운 속력으로 달리고 있다면, 푸르뎅뎅하고 홀쭉한 사람이 알아듣기도 힘든 말을 느릿느릿 중얼대며 다가가는 무시무시한 상황이 연출될 겁니다. 빛의 속력이라는 것이 이렇게나 무섭습니다.

　자, 여기까지가 세이건이 설명한 특수상대성이론 내용입니다. 부연 설명을 했지만 그래도 이해하기가 쉽지 않을 겁니다. 상대성이론은 마냥 어렵다기보다는 충분히 음미할 시간이 있어야 한다는 점에서 이렇게 짧게 설명하고 넘어갈 만한 이론이 아닙니다. 그러니 어렵게 느껴지는 것이 당연합니다. 『코스모스』를 읽을 때는 그냥 이런 게 있구나 하고 넘어가도 충분합니다.

핵융합 반응로 nuclear fusion reactor　우선 기본적인 핵 반응로(혹은 다른 말로 원자로)부터 살펴보겠습니다. 핵융합이 둘 이상의 원자핵이 충돌해서 더 큰 원자핵이 되는 과정이라면, **핵분열** nuclear fission은 원자핵이 더 작은 원자핵으로 쪼개지는 과정입니다. 핵융합과 마찬가지로 핵분열 과정에서도 막대한 양의 에너지가 나오지요. 이 에너지를 극대화하면 원자폭탄이 되는 것이고, 잘 제어해서 필요한 만큼 에너지를 생산하면 원자력 발전이 됩니다. 이때 원자력 발전을 위해 핵분열을 제어하는 장치를 핵 반응로 또는 원자로라고 합니다. 그렇다면 핵분열처럼 핵융합도 에너지를 잘 제어해서 전력 생산에 이용할 수 있지 않을까요? 그런 목적의 제어 장치를 핵융합 반응로 또는 줄

여서 핵융합로라고 하며, 아직 개발 단계입니다.

홍적세 Pleistocene 플라이스토세라고도 불리는 홍적세는 약 258만 년 전부터 1만 2000년 전까지의 지질 시대를 말합니다. 지표면 대부분이 빙하로 덮여 있었다고 합니다. 그 후의 지질 시대는 홀로세로 분류하고 현재까지 이어지고 있습니다.

황도 ecliptic 지구에서 볼 때 태양이 1년 동안 하늘을 가로지르는 경로를 말합니다(다음 그림을 참고하세요). 매일 태양이 뜨고 지는 현상은 지구가 자전하기 때문에 발생합니다. 하지만 지구는 자전하는 동시에 1년에 한 바퀴씩 태양을 중심으로 공전하기도 합니다. 그럼 날마다 하늘을 배경으로 태양이 뜨고 지는 위치가 조금씩 바뀌겠지요? 그 위치를 하나하나 추적해서 선으로 그리면 그게 황도가 됩니다. 여기서 한 가지 주의할 점이 있습니다. 우리가 날마다 목격하는 태양의 경로(일출과 일몰을 포함한 매일의 경로)와 황도를 혼동하면 안 된다는 겁니다. 앞서 말했듯 하루를 주기로 움직이는 태양의 경로는 지구의 공전이 아닌 자전 때문에 생기는 현상입니다.

그럼 황도대와 황도 12궁은 뭘까요? 황도 주변 별자리들이 이루는 띠를 **황도대** zodiac라고 하고, 대표적인 열두 별자리

(전갈자리, 천칭자리, 염소자리 등)를 **황도 12궁**zodiac signs이라고 부릅니다. 별자리 운세, 한 번쯤 본 적 있으시죠? 저는 탄생 별자리가 사수자리인데, 이 말은 제가 태어날 때 황도에서 태양의 위치가 사수자리 근처였다는 뜻입니다.

9장

우리는 어디에서 왔는가?

별들의 삶과 죽음

제2장에서 우리는 누구인가라는 질문을 던진 걸 기억하실 겁니다. 약 35억 년 전 최초로 탄생한 생명체에서 시작해 다양한 종으로 끊임없이 갈라진 생명의 나무, 그 끝에 달린 자그마한 잔가지가 진화생물학이 내놓은 답변이라고 했었지요.

하지만 우리는 우리 존재에 대한 물음을 다른 각도에서 던질 수도 있습니다. 우리라는 존재 자체는 어디서 왔을까요? 다시 말해, 우리를 이루고 있는 모든 물질의 기원은 무엇일까요? 우리 몸은 대부분 수소, 탄소, 질소, 산소, 인, 칼슘으로 구성되어 있습니다. 이에 비하면 소량이긴 하지만 칼륨, 나트륨, 황, 염소, 마그네슘도 신체 기능을 유지하는 데 중요한 역할을 하지요. 이 모든 재료가 모여 몸의 근육, 지방, 뼈 같은 기본 조직을 형성하고, 결국 '나'라는 존재의 기반을 이룹니다.

이 모든 구성 성분은 어디서 온 걸까요? 세이건의 대답은 놀랍게도 별입니다. 별과 몸. 언뜻 생각하면 아무런 관계도 없는 듯 느껴집니다. 바로 앞 장에서 살펴본 것처럼 별은 우리와 굉장히 멀리 떨어져 있으니까요. 광속에 가깝게 질주한다고 해도 도달하는 데 까마득한 세월이 걸리는 별들이 도대체 우리 몸과 무슨 상관이 있다는 걸까요? 세이건의 대답을 제대로 음미하려면 별들의 탄생과 삶 그리고 죽음부터 살펴봐야 합니다.

인간처럼 탄생하고 죽는 별들의 생애

밤하늘에 박힌 별들은 언제고 그곳에 있을 것처럼 느껴집니다. 그도 그럴 것이, 언뜻 보면 같은 시각마다 같은 별이 같은 위치에서 발견되니까요. 실제로 별은 오랜 세월 영원불멸한 존재로 여겨졌습니다. 현대 천문학에서 별의 진화와 죽음을 연구한 건 100년도 채 되지 않습니다. 여성 천문학자 세실리아 페인이 1925년 별이 대부분 수소와 헬륨으로 이루어져 있다고 발표한 후로 별의 변화에 대한 연구가 본격적으로 이루어지기 시작했지요.

『코스모스』아홉 번째 장이 보여 주듯 별에도 필멸하는 삶이 있습니다. 어둑한 우주 공간에서 분자들이 뭉쳐 태어나고, 다양한 성장 단계를 거치며 삶을 영위하다가, 변화 과정만큼이나 다채로운 최후를 맞지요. 세이건은 이러한 별의 탄생과 진화 그리고 죽음에 대해 많은 분량을 할애하여 상세히 설명하고 있습니다. 하지만 그 과정이 상당히 복잡해서 이해하기가 쉽지 않습니다. 그러니 이번 장은 별의 생애를 체계적으로 정리하고 세이건이 전하는 메시지의 의미를 파악하는 데 중점을 두려 합니다. 차근차근 설명을 따라가다 보면 별의 생애가 쉽게 정리될 겁니다.[1]

분자 구름: 별들의 요람

별들은 분자 구름(분자운)이 뭉치면서 태어납니다. 분자 구름은 성간운의 한 형태인데요. 성간운 중에서도 유독 차갑고 밀도가 높아서 원자(주로 수소)가 모여 분자를 형성하는 것을 분자 구름이라고 부릅니다. 분자 구름이 뭉쳐서 별의 초기 단계인 기체 덩어리 원시별을 만들고, 원시별의 질량에 따라 앞으로의 성장 과정이 정해집니다. 그렇습니다, 별의 운명은 질량이 결정합니다! 앞으로 살펴보겠지만 별은 중심부에서 핵융합을 일으켜 삶을 유지하는데요. 질량이 클수록 핵융합이 신속하게 일어나 핵융합에 필요한 연료를 빠르게 소모하기 때문에 수명이 짧아집니다.

갈색 왜성: '실패한 별'

빽빽하게 뭉친 분자 구름의 질량이 태양 질량의 0.08배(목성 질량의 80배쯤) 미만이면, 어떻게든 뭉치긴 하더라도 중심부에서 핵융합을 일으키지 못합니다. 그런 분자 구름은 진정한 의미의 별(핵융합을 일으키는 별)이 되지 못하고 붉은색을 띠는 갈색 왜성brown dwarf에 머뭅니다. 그래서 '실패한 별'이라고 불리기도 하지요. 갈색 왜성은 존재가 예측된 지 약 30년 만인 1995년 처음 발견되었습니다. 행성과 별의 중간 단계라고 볼 수 있습니다.

저질량 항성의 생애
: 적색 거성에서 백색 왜성까지

태양 질량의 0.08배 이상부터 2배 미만까지인 분자 구름은 저질량 항성low-mass star으로 분류합니다. 이 별들은 노년에 접어들 때까지 안정적으로 균형을 맞춰 살아갑니다. 무슨 균형이냐고요? 별은 질량이 어마어마하기 때문에 물질을 중심부로 수축시키는 중력의 영향을 매우 크게 받습니다. 이러한 현상을 중력 수축이라고 부릅니다. 원시별이 중력 수축을 통해 더 빽빽하게 뭉칠수록 중심부의 온도가 높아지는데요. 이 온도가 임계점을 돌파하면 중심부에서 핵융합이 일어나기 시작합니다. 수소 원자핵 네 개가 충돌해 헬륨 원자핵 한 개가 만들어지면서 엄청난 에너지가 방출되지요. 이렇게 핵융합에서 방출된 에너지는 별 내부의 기체들을 예전보다 더 빠르게 충돌시키고, 그 결과 중심부에서 별 바깥쪽으로 향하는 기체 압력을 만들어 냅니다. 안정적인 별들은 이렇게 중력 수축과 기체 압력 사이에서 균형을 이루며 살아갑니다. 우리가 공전하는 태양도 균형을 이룬 안정적인 별이지요. 이렇게 안정적으로 수소 핵융합을 일으키며 중력과 균형을 이루는 별을 주계열성main sequence star이라고 부릅니다.

그런데 수소로 헬륨을 만들다 보면 언젠가 수소가 다 떨어지지 않을까요? 그렇습니다. 수소를 모두 소진하고 헬륨으로 꽉 찬 별 중심부는 당장 핵융합을 일으킬 재료가 없습니다. 핵융합이 일어나지 않으면 기체 압력을 형성할 에너지도 방출되지 않기 때문에 별 중심부는 중력 수축을 이

기지 못하고 수축하게 됩니다.

이것으로 별은 결국 죽음을 맞는 걸까요? 그렇지 않습니다! 헬륨으로 꽉 찬 중심부 바로 바깥에는 여전히 수소가 존재합니다. 수소들은 헬륨 중심부를 마치 껍질처럼 둘러싸고 있는데요. 그래서 수소 껍질hydrogen shell이라고 부릅니다(별의 내부 구조에 대한 자세한 내용은 용어 설명 '태양의 구조' 항목에 풀어놓았습니다). 헬륨 중심부가 중력 수축을 겪는 동안 이 수소 껍질도 함께 수축하게 됩니다. 그러다가 핵융합이 일어날 정도로 뜨거워지면 이번에는 수소 껍질에서 핵융합이 일어나지요. 수소 껍질에서 핵융합이 일어난다고 해서 이를 수소 껍질 핵융합hydrogen shell fusion이라고 부릅니다. 심지어 핵융합이 일어나는 속도가 기존보다 빠르기 때문에, 그 폭발적인 에너지로 인해 수소 껍질 바깥의 물질들이 전보다 훨씬 더 팽창하게 됩니다! 결국 별의 반지름이 태양의 수십 배에서 수백 배로 부풀고, 팽창한 부분의 온도가 낮아져 불그스름해지므로 이 단계의 별을 적색 거성red giant이라고 부릅니다. 우리 태양도 앞으로 50억 년 후에는 거대한 적색 거성이 됩니다.

수소 껍질에서 핵융합으로 만들어지는 헬륨은 헬륨 중심부에 계속 더해집니다. 질량이 늘어나니 중심부가 중력의 영향으로 더욱 수축하지요. 그러다가 온도가 충분히 늘어나면 이번에는 헬륨 중심부에서도 핵융합이 일어납니다! 헬륨 원자핵 세 개가 합쳐져서 탄소 원자핵 한 개가 만들어지는 것이지요. 이제부터 별이 겪는 과정은 수소 핵융합을 일으키던 과정과 비슷합니다. 헬륨 핵융합이 기체 압력을 만들면서 중심부를 팽창시킵니다. 중심부를 감싼 수소 껍질도 바깥으로 밀려나면서 덩달아 팽창하지요. 그 과정에서 수소 껍질의 온도가 낮아지고, 따라서 수소 껍질 핵융합 속도가 느려집니다. 핵융합 속도가 느려졌으니 바깥쪽을 향하는 기체 압력이 줄어들 겁니다. 그럼 다시 중력이 승기를 잡고 균형이 맞을 때까지 별을 안쪽으로 수축시키지요. 적색 거성 단계에서 온도가 낮아 붉게 보였던 별은 이제 다시 온도가 높아져서 노르스름해집니다.

이 단계에 접어든 별은 초기 단계와 마찬가지로 핵융합을 통해 안정적인 삶을 이어갑니다. 헬륨을 탄소로 만든다는 점만 다르지요. 헬륨이 다 떨어지면 어떻게 될까요? 앞에서 설명한 것과 거의 동일합니다. 이번에는 탄소로 꽉 찬 중심부를 둘러싸고 있는 헬륨 껍질과 또 그 바깥을 감싸고 있는 수소 껍질에서 핵융합이 일어나면서 다시 별이 팽창하게 됩니다. 결과적으로 헬륨과 수소, 두 껍질이 중심부를 둘러싼 또 다른 적색 거성이 되지요. 이 두 번째 적색 거성은 심지어 첫 번째 적색 거성보다 몸집이 더 크고 밝습니다.

저질량 항성의 운명은 여기가 마지막입니다. 삶을 이어가려면 탄소 핵융합을 통해 네온이나 나트륨 같은 더 무거운 원소를 만들어야 하지만, 저질량 항성은 그런 고온 환경을 조성할 만큼 질량이 크지 않습니다. 어마어마하게 팽창한 별의 바깥층은 계속해서 우주 공간으로 물질을 흩뿌립니다. 중심부에 뭉쳐 있던 탄소까지 일부 우주로 흩어져 먼지가 되지요.

결국 별의 중심에는 탄소만 남습니다. 아직 뜨거운 상태인 탄소 중심부는 바깥으로 자외선을 방출하는데요. 이 자외선이 우주 공간으로 흩어진 별 바깥층에 도달하면 바깥층을 이루고 있는 기체가 이온화되면서 밝게 빛을 냅니다. 이러한 현상을 행성상 성운planetary nebula이라고 부릅니다. 이름에 행성이 들어가 있긴 하지만 행성과는 아무런 상관이 없는 현상입니다. 단지 처음에 해상도가 낮은 망원경으로 관측했을 때 행성처럼 보였기 때문에 이런 이름이 붙었을 뿐이지요. 남쪽고리 성운이나 나비 성운을 검색하면 아름답게 빛나는 행성상 성운을 볼 수 있습니다.

시간이 흐르면서 탄소 중심부는 차갑게 식고 별 바깥층 기체는 멀리 흩어집니다. 그 상태로 약 10만 년이 지나면 행성상 성운은 자취를 감추고 자그마한 탄소 중심부만 덩그러니 남습니다(태양의 질량이 지구만 한 부피에 빽빽하게 모여 있다고 보면 됩니다). 이 상태의 별을 백색 왜성 white dwarf이라고 합니다. 죽음을 맞이한 별이 남긴 흔적이지요. 백색 왜성이 더 차갑게 식어서 아무런 빛도 열도 내지 않으면 흑색 왜성black dwarf이 되면서 삶을 완전히 마감할 것으로 추정됩니다. 흑색 왜성은 단 한 번도 관측된 적 없는 이론상의 천체입니다. 그도 그럴 것이, 흑색 왜성으로 식을 때까지 걸리는 추정 시간은 현재 우주의 나이 138억 년을 훌쩍 뛰어넘기 때문입니다.

저질량 항성의 부활과 완전한 죽음
: 신성과 백색 왜성 초신성

저질량 항성의 운명은 보통 여기서 끝입니다. 하지만 백색 왜성 단계에 이른 별의 운명이 갑자기 바뀌는 상황이 찾아오기도 합니다. 중력으로 상호작용을 하면서 서로 도는 두 별을 쌍성계라고 부른다고 했지요? 두 별 중에 한 별이 큰 질량 때문에 먼저 백색 왜성이 된다고 합시다. 이때 두 별이 매우 가까우면 한 별의 물질, 특히 수소가 백색 왜성으로 빨려 들어가는 일이 생깁니다. 계속해서 백색 왜성 표면에 수소가 쌓이면서 온도가 높아지다가 고온 조건이 충족되면, 놀랍게도 백색 왜성 표면에서 다시 수소 핵융합이 발생합니다. 죽음을 맞이한 별이 부활한 겁니다! 수소 핵융합에서 발생한 에너지로 별은 굉장히 환하게 빛을 냅니다. 태양을 10만 개 모은 만큼 밝지요. 이렇게 환히 빛나는 현상을 신성新星, nova이라고 합니다. 과거에는 별이 보이지 않던 곳에서 갑자기 환한 빛이 나니 새로운 별이 탄생한 줄 알고 신성이라고 불렀지만, 알고 보니 역설적이게도 죽은 별이 소생한 것이었지요.

어떤 백색 왜성에게는 또 다른 운명이 기다리고 있습니다. 백색 왜성에 물질이 쌓이다가 질량이 태양의 1.4배에 근접하면 별이 완전히 폭발해 버리는 일이 벌어집니다. 백색 왜성을 이루고 있던 탄소가 핵융합을 일으킬 만큼 별이 뜨거워지면 별 전체에서 일제히 탄소 핵융합이 일어나는데요. 그러면서 백색 왜성 전체가 폭발해 버립니다. 그 여파로 발생하는 빛은 무려 태양의 100억 배에 달하지요. 이 현상을 백색 왜성 초신성 또는 Ia형 초신성(I은 로마 숫자 1)이라고 부릅니다. (백색 왜성 초신성은 『코스모스』가 쓰일 당시에는 아직 발견되지 않았습니다. 세이건이 책에서 말하는 초신성은 앞으로 설명할 거대 항성 초신성에 해당합니다.)

고질량 항성: 중성자별에서 블랙홀까지

잠깐 숨을 고르고, 이제 고질량 항성high-mass star의 생애를 살펴봅시다. 질량이 태양의 8배 이상인 별을 고질량 항성이라고 부릅니다. (저질량 항성과 고질량 항성 사이에 해당하는, 태양 질량 2배부터 8배까지인 별도 있습니다. 중간질량 항성intermediate-mass star이라고 하는데요. 생애 과정이 고질량 항성과 거의 동일하기 때문에 여기선 고질량 항성의 삶에 집중하겠습니다.)

고질량 항성의 생애 초기는 저질량 항성과 비슷합니다. 수소 핵융합을 모두 마친 고질량 항성은 중심부 바깥쪽 물질이 팽창해서 적색 거성보다 훨씬 큰 적색 초거성이 됩니다. 한편 탄소까지만 만들 수 있었던 저질량 항성과 달리, 고질량 항성은 엄청난 고온 환경을 조성해 탄소 이후의 핵융합 과정도 일으킵니다. 그 과정에서 네온, 마그네슘, 규소, 황, 철처럼 무거운 원소들이 만들어지지요.

하지만 고질량 항성의 핵융합에도 끝은 있습니다. 중

심부에서 철을 만들어 낸 고질량 항성은 더 이상 핵융합을 이어가지 못합니다. 철 원소가 핵융합 여정의 종착역인 셈입니다. 핵융합을 하지 못하니 중력 수축이 승기를 잡고, 결국 중심부가 더욱 수축하게 됩니다. 그렇게 수축한 중심부는 밀도가 워낙 높기 때문에 중심부에 존재하던 전자와 철의 양성자가 결합해 중성자가 되는데요. 그 과정에서 중성미자라는 엄청난 양의 입자가 쏟아져 나옵니다.

이렇게 만들어진 중성미자가 바로 고질량 항성의 격렬한 최후, 즉 초신성 폭발을 일으키는 주된 원인으로 여겨지고 있습니다. 철로 가득 찬 중심부에서 더 이상 핵융합이 일어나지 않으니 중심부 바깥 물질 또한 안쪽으로 수축할 겁니다. 중심을 향해 맹렬하게 수축하던 물질은 중심부에서 방출된 대량의 중성미자와 충돌해 다시 바깥으로 튕겨 나가게 됩니다. (세이건은 『코스모스』 제9장에서 별의 외곽부가 중심을 향해 돌진하다가 밖으로 튕겨 나간다고만 말하고 그 원인은 설명하고 있지 않은데, 그 원인이 바로 중성미자입니다.) 이러한 대규모 폭발을 거대 항성 초신성 massive star supernova 또는 II형 초신성이라고 부릅니다. 그리고 전자와 양성자가 결합해 중성자가 된 중심부는 자그마한 중성자별neutron star로 남습니다. 중성자별은 반지름이

10킬로미터에 불과하지만 질량은 태양보다 큰 고밀도의
별입니다.

그렇다면 그 이상으로 무거운 별은 어떻게 될까요? 대
부분의 중성자별은 중력이 매우 강함에도 어떻게든 그 형
태를 유지합니다. 그런데 별의 질량이 유독 크면 초신성 폭
발로 남은 중성자별에 이상한 일이 벌어집니다. 이론에 따
르면 매우 무거운 별은 초신성 폭발을 일으킨 뒤에도 모든
바깥층 물질을 날려 보내지 못하고 일부를 중성자별 근처
에 남기는데요. 이 물질들이 다시 중성자별에 쌓이다가 중
성자별의 질량이 태양의 2~3배를 넘어서면 걷잡을 수 없
는 중력 수축을 겪게 됩니다. 그 결과가 바로 여러분이 많
이 들어 보셨을 블랙홀입니다. 2019년 4월 사상 최초로 관
측 데이터에 기반한 블랙홀의 이미지가 발표되어 세상이
떠들썩했던 적이 있었지요.

모든 존재의 기원: 별먼지

지금까지 별들의 탄생과 죽음을 살펴보았으니 이제 세이
건의 메시지를 음미할 때가 되었습니다. 별들의 생애를 두
루 살핀 세이건은 말합니다. "그러므로 우리는 별의 자녀
들이다." 이 문장에 『코스모스』 제9장의 핵심 메시지가 담

겨 있습니다.

탄소는 지금까지 알려진 모든 생명체의 근간을 이루는 중요한 원소입니다. 우리 몸의 주요 구성 물질인 탄수화물, 단백질, 지방은 전부 탄소를 기본 골격으로 삼습니다. 유전 물질인 DNA도 탄소와 수소가 결합된 탄화수소를 뼈대로 만들어진 것이지요. 궁극적으로 말해서 우리 몸의 모든 탄소는 대부분 적색 거성에서 형성되었습니다. 적색 거성의 몸집이 크게 부풀면서 중심부의 탄소가 바깥으로 흩어진다고 말했던 걸 기억하시나요? 그렇게 먼지의 형태로 우주를 떠돌던 탄소가 마침내 태양계를 이루면서 결국 우리 몸의 구성 요소가 된 것입니다.

탄소보다 무거운 원소들 역시 별에서 만들어졌습니다. 앞에서 질소, 산소, 인, 칼슘, 칼륨, 나트륨, 황, 염소, 마그네슘도 우리 몸을 구성하고 있다고 말했지요. 이 원소들도 무거운 항성에서 탄생해 초신성 폭발을 통해 우주 이곳저곳으로 흩어졌습니다. 그중 일부가 태양계에 자리를 잡고 탄소와 더불어 우리 존재의 물질적 기반이 되었습니다. 세이건의 말대로 우리는 궁극적으로 별먼지에서 태어난, 별의 후손인 셈입니다.

이렇게 천문학은 우리 존재의 기원이 어디인지 분명

하게 말해 줍니다. 별과 몸. 아무런 관계도 없어 보이는 두 단어는 물질적 기원이라는 관계를 통해 긴밀하게 엮여 있습니다. 우리가 별의 후손이라는 메시지는 『코스모스』 이후에 출간된 수많은 과학 교양 도서에서도 끊임없이 되풀이되어 왔습니다. 나중에 다른 과학 책을 읽으면서 다시 만나실 일이 있을 겁니다. 그때 이 책과 더불어 별의 생애를 떠올려 보시면 좋겠습니다.

경 엑스선 hard X-ray 엑스선은 물질을 투과하는 정도에 따라 두 가지로 나뉩니다. 투과도가 큰 것을 '경 엑스선'이라고 하고 투과도가 작은 것을 '연 엑스선' soft X-ray이라고 합니다.

강착 원반 accretion disk 백색 왜성, 중성자별, 블랙홀 같은 천체로 빨려 들어가면서 그 주변을 빠르게 회전하는 물질을 말합니다.

도플러 효과 doppler effect 파동을 만드는 파동원과 그 파동을 바라보는 관찰자의 상대적 움직임에 따라 파동의 진동수가 다르게 관측되는 현상을 말합니다. 가장 흔한 예시는 구급차 사이렌 소리입니다. 구급차가 우리에게 다가올 때는 사이렌 소리가 점점 높게 들리고(진동수 증가), 우리에게서 멀어질 때는 점점 낮게 들리지요(진동수 감소).

빛 또한 파동이기 때문에 빛에서도 도플러 효과가 나타납니다. 구급차가 사이렌 대신 노란색 빛을 사방으로 방출한다고 해 볼까요? 그럼 구급차가 우리에게 다가올 때는 빛의 색깔이 점점 노란색에서 파란색으로 이동하고(진동수 증가), 우리에게서 멀어질 때는 색깔이 점점 노란색에서 빨간색으로 이동합니다(진동수 감소). 이렇게 도플러 효과 때문에 빛의 진동수가 증가되어 관측되는 현상을 **청색 편이**blueshift(또는 청색 이동), 반대로 진동수가 감소되어 관측되는 현상을 **적색 편이**redshift(또는 적색 이동)이라고 부릅니다.

등가 원리(질량-에너지 동등성)mass-energy equivalence 제9장 본문에서 살펴본 것처럼 수소 원자핵 네 개가 충돌하면 헬륨 원자핵 한 개가 만들어집니다. 이렇게 가벼운 원자핵이 모여 무거운 원자핵을 형성하는 현상을 핵융합이라고 하는데요. 대부분의 경우, 핵융합이 일어나면 원자핵의 질량 일부가 열 에너지와 빛 에너지로 방출됩니다. 별 내부에서 형성되는 기체 압력을 만드는 에너지가 바로 이런 핵융합에서 비롯됩니다. 이처럼 질량이 열 또는 빛 에너지로 변환되는 현상을 설명하는 원리가 질량-에너지 등가 원리(또는 질량-에너지 동등성)입니다. 더 정확하게 말하자면, 이 원리는 질량도 에너지의 한 형태라고 말해 줍니다. 흔히 '$E=mc^2$'이라는 유명한 식으로 표현되지요.

소립자 elementary particle 원자핵이 양성자와 중성자로 이루어져 있다는 사실이 발견된 20세기 초반, 물리학자들은 원자를 구성하는 가장 작은 단위 입자가 양성자, 중성자, 전자라고 믿었습니다. 그리고 세 입자를 통틀어 소립자라고 불렀지요. 그런데 1960년대 중반 양성자와 중성자 내부에 더 기본적인 입자(쿼크)가 있다는 사실이 밝혀지면서 소립자의 정의가 바뀌었습니다. 지금은 입자물리학에서 **표준 모형** Standard Model이라는 이론을 구성하는 열일곱 가지 입자를 소립자(또는 **기본 입자** fundamental particle)라고 부릅니다.

자유 전자 free electron 보통 원자 속에 들어 있는 전자는 전자기력을 매개로 원자핵에 속박되어 있습니다. 이와 달리 원자핵의 영향을 받지 않고 자유롭게 돌아다니는 전자를 자유 전자라고 합니다.

전자구름 electron cloud 세이건은 『코스모스』 제9장에서 아무런 설명 없이 전자구름이라는 용어를 쓰고 있는데요. 양자 역학에 따르면 원자핵 주변 전자의 위치는 딱 한 지점으로 특정할 수 없고 마치 구름처럼 퍼져 있습니다. 이를 두고 전자구름이라

말합니다. 위치가 구름처럼 퍼져 있다는 게 무슨 뜻이냐고요? 역시 양자 역학에 따르면 전자의 위치는 '확률적'으로만 알 수 있습니다. 전자가 원자핵 주변 어느 지점에 있을 확률이 몇 퍼센트, 또 어느 지점에 있을 확률이 몇 퍼센트, 이런 식으로만 알 수 있다는 뜻입니다. 이렇게 모든 지점의 확률 분포를 그림으로 그리면 원자핵 주변 전자의 위치가 구름처럼 뿌옇게 표현됩니다. 이걸 전자구름이라고 부르는 것이지요. 따라서 전자구름은 실재하는 존재가 아니라 수학적인 개념입니다.

절대 온도 absolute temperature 물이 얼음이 되는 섭씨 온도 0도를 273.15도로 잡고 가장 낮은 온도를 0도로 정의한 온도 단위를 말합니다. 과학에서 가장 자주 사용되는 온도 단위입니다.

중성미자 neutrino 우주를 구성하는 기본 입자의 한 종류입니다 (기본 입자는 '소립자' 항목을 참고하세요). 세이건은 중성미자가 광자처럼 질량이 없고 빛의 속도로 움직인다고 말하지만 사실 중성미자는 질량이 있고 속도도 (아주 약간이지만) 빛보다 느립니다. 1998년 일본 슈퍼-가미오칸데 중성미자 검출기에서 중성미자의 질량에 대한 실험적 증거가 발견되었습니다.

중성미자와 관련해서 또 하나 업데이트할 것이 있습니다.

세이건은 태양에서 방출되는 중성미자의 양이 이론값보다 적게 측정되었다고 말하면서 아직 이 문제가 풀리지 않았다고 전합니다. 이 난제를 '태양 중성미자 문제'라고 부르는데요. 이 문제 또한 2000년대 초반에 해결되었습니다. 알고 보니 중성미자는 세 종류였습니다! 태양에서는 '전자 중성미자'만 만들어지는데, 검출기로 향하는 도중에 다른 종류의 중성미자로 변했던 겁니다. 초기 중성미자 검출기는 오직 전자 중성미자만 검출할 수 있었기 때문에 이 현상을 발견하지 못했습니다.

태양의 구조 플레어, 프로미넌스, 광구……. 태양과 관련된 용어가 무척 생소하게 들립니다. 걱정하지 않으셔도 됩니다! 차근차근 정리하면 되니까요.

태양 외부에서 태양을 향해 천천히 접근한다고 상상해 볼까요? 우리는 가장 먼저 태양 대기의 최외곽 층인 **코로나**corona에 닿습니다. 코로나는 태양 표면에서 수백만 킬로미터까지 뻗어 있는 대기층으로, 온도는 절대 온도로 100만 도나 됩니다. 태양이 방출하는 엑스선이 주로 코로나에서 나옵니다. 더 가까이 접근하면 대기층의 중간 영역인 **채층**chromosphere에 도달합니다. 온도는 절대 온도로 1만 도로, 태양에서 방출되는 자외선이 주로 이 부분에서 나옵니다. 태양 표면에 가장 가까운 대기층은 **광구**photosphere입니다. 우리가 맨눈으로 보는 태양이 바로 광구이지요. 온도는 절대 온도로 6000도고, 대부분의 흑점이 이곳에서 관찰됩니다.

이따금 광구에서 에너지가 급격하게 방출되면서 **플레어**solar flare라는 폭발이 일어납니다. 최외곽 대기층 코로나까지 치솟기도 하지요. 그리고 채층과 코로나의 기체가 태양 자기장 때문에 무지개 모양처럼 떠오를 때가 있는데요. 이 현상을 **홍염**紅焰, prominance이라고 부릅니다.

이제 대기를 뚫고 태양 내부로 들어갈 차례입니다. 광구를 지나면 곧바로 **대류층**convection이 나옵니다. 태양 중심부에서 에너지를 얻은 뜨거운 기체는 표면으로 솟구치고 차가운 기체는 내부로 가라앉는 영역입니다(이렇게 물질이 직접 이동하면서 열을 전달하는 현상을 대류라고 부릅니다). 태양의 중심을 향해 3분의 1쯤 들어가면 **복사층**radiation zone이 나옵니다. 복사층은 태양의 핵에서 만들어진 에너지가 빛의 형태로 대류층까지 전달되는 구간입니다. 더 깊숙이 들어가면 마침내 태양의 중심부 **핵**core이 나옵니다. 핵융합이 일어나는 곳이 이곳입니다. 태양을 비롯한 모든 별이 방출하는 에너지의 원천이지요.

플라스마plasma 이온과 전자로 이루어진 기체를 말합니다. 보

통의 기체를 이루는 원자는 원자핵과 전자가 결합된 상태인데
요. 여기서 원자핵과 전자가 분리되면(즉 이온화하면) 플라스
마 상태가 됩니다.

핵력 nuclear force 자연에는 총 네 가지 기본 힘이 존재합니다.
중력과 전자기력 그리고 원자핵 내부에서 작동하는 두 핵력입
니다. 핵력은 **강한 핵력** strong nuclear force(줄여서 강력)과 **약한
핵력** weak nuclear force(줄여서 약력)으로 나뉩니다. 『코스모스』
제9장에서 세이건이 말하는 핵력은 강한 핵력입니다. 강한 핵
력은 양성자와 중성자를 서로 엮어서 원자핵을 구성하는 역할
을 합니다. 약한 핵력은 방사성 붕괴(원자핵이 자발적으로 쪼
개져서 다른 원소가 되는 현상)의 한 종류인 베타 붕괴를 일으
키는 힘입니다.

핵자 말 그대로 핵을 이루는 입자라는 뜻입니다. 원자핵을 구
성하는 양성자와 중성자를 통틀어 부르는 용어입니다.

10장

과학은 어디까지 알고 있는가?

영원의 벼랑 끝

우주의 기원이란 말을 들으면 무엇이 떠오르시나요? 아마도 거대한 폭발을 연상하실 겁니다. 아무것도 없는 곳, 또는 무한히 작은 점에서 왠지 모르지만 엄청난 폭발이 일어났고, 그로부터 모든 존재와 시간과 공간까지 탄생했다는 이야기. 이것이 가장 널리 퍼진 우주 기원 서사일 겁니다. 일례로 유발 하라리의 베스트셀러 『사피엔스』 첫 문장은 이렇게 시작합니다. "약 140억 년 전 빅뱅이라는 사건이 일어나 물질과 에너지, 시간과 공간이 존재하게 되었다."[1] 빅 히스토리 개념을 창안한 것으로 유명한 데이비드 크리스천도 다음과 같이 말합니다. "우주는 무한히 작은 존재에서 시작되어 빠르게 팽창했고, 팽창은 오늘날까지 이어지고 있다."[2] 세이건이 『코스모스』열 번째 장에서 전하는 내용도 비슷합니다.

이번 장에서는 우리에게 익숙한 우주 기원 이야기에 약간의 균열을 일으켜 볼까 합니다. 아니, 모두가 맞다고 알고 있는 내용이 틀리기라도 했다는 건가요? 아뇨, 그보다는 맞는지 틀린지 결정되지 않은 정보가 마치 답인 것처럼 유포되고 있다는 점을 언급하고자 합니다. 『코스모스』가 천문학 도서이다 보니 여기선 우주의 기원에 집중하겠지만, 결정된 정보와 미결정된 정보가 확실하게 구분되지 않은 채 확산되는 현상은 타 분야에서도 흔히 목격됩니다.

대폭발에서 탄생한 우주: 빅뱅 이론

앞 장에서 우리는 우리 존재의 기원에 대해 논의했습니다. 우리를 비롯한 모든 생명체의 구성 물질은 궁극적으로 별의 죽음이 남긴 잔해인 별먼지라고 했지요. 이렇게 별과 몸은 까마득한 세월을 사이에 두고 서로 연결되어 있습니다.

하지만 우주의 시계를 돌리려는 천문학자들의 노력은 여기서 멈추지 않았습니다. 놀랍게도 천문학자들은 생명체는 물론이고 별과 은하가 탄생하기도 훨씬 전에 일어난 사건에 대해 많은 것을 알아냈습니다. 우주의 과거를 추적하던 천문학자들의 시선은 결국 '우주의 기원'에 가닿았습니다. 계속해서 시간을 거슬러 오르면 그 끝에는 무엇이 있을까요? 아니, 끝이라는 게 존재하긴 할까요?

세이건은 우리 우주의 기원이 대폭발, 즉 빅뱅이라고 말합니다. 138억 년 전, 온도와 밀도가 굉장히 높고 "부피를 전혀 갖지 않는 수학적 의미의 점"에서 대폭발이 일어나 우주가 끊임없이 팽창했다는 것입니다.● (세이건은 100억 년 또는 200억 년 전이라고 말하지만, 현재는 더 정밀한 관측을 바탕으로 138억 년 전이라고 보고 있습니다.) 폭발 직후의 우주는 굉장히 뜨거웠고, 그러한 조건에서 수소와 헬륨 같은 기본 원소들이 만들어졌습니다. 이후 우주는 계속 팽창하면서 차갑게 식었고, 그 과정에서 원소들이 뭉쳐 은하와 별, 행성이 형성되어 오늘날의 우주에 이르렀습니다. 이처럼 우주가 팽창하기 시작한 사건을 빅뱅이라하고, 그 이후부터 현 우주까지의 변화를 설명하는 이론을 빅뱅 이론이라 부릅니다(빅뱅 이론에 대한 더 자세한 내용은 '빅뱅 이론' 항목을 참고하세요).

● 공정하게 말하자면 사실 세이건은 우주가 수학적 의미의 점에서 탄생했다고 단정하지 않습니다. 그 대신 "어쩌면"이라는 표현을 덧붙이는데, 한국어판의 문장에는 이 추측의 뉘앙스가 반영되지 않았습니다.

뜨거운 빅뱅 vs 특이점 빅뱅

빅뱅 이론의 성적은 매우 우수합니다. 우주가 팽창한다는 사실부터 은하의 분포와 가벼운 원소들(수소와 헬륨)의 양, 우주 배경 복사(빅뱅 이후 우주 전역에 퍼진 빛)에서 나타나는 미세한 온도 차이까지 다양한 관측 데이터를 성공적으로 설명해 냅니다. 우주의 역사에서 빅뱅이라는 사건이 일어났다는 사실은 의심할 여지가 없습니다.

하지만 여기에는 함정이 있습니다. 우주론학자 니아예쉬 아프쇼디와 과학 커뮤니케이터 필 할퍼는 사람들이 '빅뱅 이론'을 언급할 때 주로 두 가지 다른 이론이 뒤섞여 있음을 지적합니다.[3] 놀랍도록 뜨겁고 밀도가 높은 상태에서 우주가 팽창했다는 이론은 이미 경험적으로 잘 확립된 이론입니다. 이를 뜨거운 빅뱅hot Big Bang이라고 부릅니다. 과학자 중에서 뜨거운 빅뱅을 의심하는 사람은 사실상 없습니다.

서두에서 인용한 하라리와 크리스천의 말을 기억하시나요? 우주는 '무한히 작은 존재'에서 시작되었고, 빅뱅이 일어나면서 '시간과 공간'이 존재하게 되었다고 했지요. 직접적인 용어는 언급하지 않지만, 여기서 두 사람은 특이점 정리singularity theorem라는 이론을 말한 것입니다. 물리학자 로저 펜로즈와 스티븐 호킹은 1960년대 공동 연구를 통해 밀도와 온도가 무한히 높은 하나의 점에서 빅뱅이 일어나 우주의 모든 물질이 나타났으며 바로 그것이 우주의 기원이라고 주장했습니다. 이 점을 바로 특이점이라고 합니다. 두 물리학자는 더 나아가 시간과 공간까지 빅뱅과 함께 생겨났다고 말했습니다. 그렇다면 우리는 빅뱅 '이전'에 대해 아무것도 말할 수 없습니다. 시간과 공간 자체가 빅뱅과 함께 생겨났으니까요. 게다가 특이점은 무한이라는 성질을 갖고 있으므로 물리학 법칙 자체를 적용할 수가 없습니다(1을 0으로 나누지 못하는 이유와 비슷합니다).

아프쇼르디와 할퍼는 이 두 이론, 즉 뜨거운 빅뱅과 특이점 빅뱅을 철저하게 구분해야 한다고 말합니다. 뜨거운 빅뱅은 관측 데이터를 바탕으로 잘 확립된 견실한 이론이지만, 특이점 빅뱅은 그렇지 못하기 때문입니다. 특이점 정리는 기본적으로 수학적 분석의 결과입니다. 펜로즈와 호킹은 몇 가지 가정을 세우고 결론에 도달했는데, 문제는 모든 가정이 틀렸거나 결함이 있다는 겁니다. 그렇다면 빅뱅이 특이점에서 시작되었다는 식으로 단정하는 건 잘못입니다. 빅뱅과 함께 시간과 공간이 형성되었다는 주장도 마찬가지입니다.

아프쇼르디와 할퍼에 따르면 특이점 빅뱅의 전망을 믿는 우주론학자는 거의 없습니다. 심지어 펜로즈와 호킹도 훗날 특이점의 존재를 부정했지요. 하지만 빅뱅이 사람들, 특히 비전문가들의 입에 오르내릴 때마다 왠지 모르게 특이점이 자동으로 뒤따르는 경향이 있습니다. 특이점 정리의 창시자들조차 포기한 이론이 다양한 매체를 전염시키며 자기만의 삶을 살고 있는 겁니다.

과학은 어디까지 알고 있는가?

옳은 것으로 널리 퍼진 정보라고 해서 반드시 옳다는 보장은 없습니다. 앞서 살펴봤듯 견고한 지식처럼 느껴지는 물리학, 천문학 같은 분야도 사정은 마찬가지입니다. 학계에서 생산된 정보는 밖으로 유통되는 과정에서 옳고 그른 내용이 뒤섞일 때가 많습니다. (모든 책임을 지식 유통자에게 전가하자는 뜻은 아닙니다. 지식 생산자의 품을 떠난 지식은 언제든 왜곡될 가능성이 있지만, 생산자에게는 잘못된 정보를 적극적으로 바로잡을 책임이 있습니다.)

일례로 당근을 먹으면 눈이 좋아진다는 말, 많이 들어보셨지요? 그런데 여기에도 옳고 그른 정보가 혼재되어 있습니다. 당근은 분명 눈 건강과 관련이 있습니다. 당근에는 베타카로틴이라는 색소가 들어가 있는데, 이 색소는 우리 몸속에서 비타민 A로 전환됩니다. 비타민 A가 부족하면 야맹증이 생길 수 있고, 심하면 시각 상실로 이어질 가능성도 있지요.

자, 여기까진 대부분의 전문가가 동의하는 경험적으로 잘 확립된 정보입니다. 하지만 비타민 A 결핍이 야맹증을 유발한다는 명제는 비타민 A를 섭취하면 시력이 좋아진다는 명제와 결코 동일하지 않습니다. 오히려 연구들이 시사하는 바에 따르면 "비타민 A 섭취는 결핍으로 인한 시력 저하를 되돌릴 수 있지만 그렇다고 이미 건강한 사람의 시력을 강화하거나 시력 저하 속도를 늦추진 않"습니다. 당근은 분명 눈 건강에 도움이 되지만, 아무리 많이 먹는다고 해도 눈이 좋아지진 않는다는 겁니다.[4]

이처럼 우리가 곳곳에서 접하는 과학 지식에는 확실성이 각기 다른 정보가 혼재되어 있을 때가 많습니다. 지식이 만들어진 맥락(지식 생산 방법, 결론이 도출된 가정 등)이 탈각된 정보는 적용 범위와 실제 의미가 표백된 채 유통될 수 있습니다. 심지어 과학자라고 해도 확실하지 않은 정보를 전달할 수 있습니다. 특정 분야의 전문가라고 해서 다른 분야에서도 전문가는 아니니까요. 예를 들어 『이기적 유전자』의 저자 리처드 도킨스는 "아무것도 아닌 상태였던 것에서 무언가가 자발적으로 생겨났다. 공간과 시간이 시작되는 순간, 빅뱅이라고 알려진 특이점에서 말이다"라고 말합니다.[5] 도킨스의 말에서도 뜨거운 빅뱅과 특이점 빅뱅 개념이 뒤섞여 있습니다. 도킨스는 진화생물학 전문가일지는 몰라도 우주론 전문가는 아닙니다.

물론 뜨거운 빅뱅과 특이점 빅뱅 개념을 혼동했다고 해서 우리 삶이 위태로워지진 않습니다. 하지만 다른 분야라면, 특히 인공지능이나 건강 및 의료처럼 사회에 강력한 영향을 미치는 분야라면 이야기가 달라집니다. 확실하지 않은 정보가 확실한 정보의 외피를 둘러싼 모습을, 사람들이 그 정보를 바탕으로 적지 않은 액수를 들여 큰 결정을 내리는 장면을 우리는 쉽게 상상할 수 있습니다.

저는 과학자가 아닌 사람들도 과학을 배워야 하는 이유 중 하나가 바로 이것이라고 생각합니다. 과학의 권위가 어느 때보다 높아진 오늘날은 무언가가 과학으로 포장되면 필요 이상의 신뢰를 확보하는 일이 빈번하게 일어납니다. 우리 삶과 밀접하게 연결된 과학 지식일수록 진위와 적용 범위를 섬세하게 포착하는 능력은 더 중요해집니다. 앞으로 누군가가 어떤 과학 정보를 단정적인 투로 이야기한다면 한번 스스로 질문을 던져 보세요. '과학자들은 어디까지 알고 있고, 어디부터 모르고 있을까?' 그런 다음 그 정보의 '특이점'을 분리하려 시도해 보시길 바랍니다.

"이게 도대체 무슨 뜻이에요?"

각운동량 angular momentum 물체가 얼마나 활발하게 회전하고 있는지를 나타내는 양을 말합니다. 회전하는 속도가 빠를수록, 질량이 클수록, 회전축과의 거리가 가까울수록 각운동량角運動量이 커집니다.

강체 rigid body 아무리 힘을 가해도 형체가 바뀌지 않는 가상의 물체를 말합니다. 물리학자들은 흔히 회전하는 물체를 고려할 때 문제를 단순하게 만들기 위해서 그 물체를 강체剛體로 가정하곤 합니다.

빅뱅 이론 big bang theory 초기 우주의 역사를 설명하는 이론을 빅뱅 이론이라고 합니다. 세이건이 열 번째 장에서 설명하는 것처럼, 모든 은하가 서로 멀어지고 있다는 사실을 관측한 것이 빅뱅 이론의 시작이었습니다. 여기서 멀어진다는 게 무슨 뜻인지 잠깐 짚고 넘어갈 필요가 있습니다. 은하들이 우주 속에서 (마치 지구가 태양 주위를 도는 것처럼) 움직인다는 의미가 아니라, 은하와 은하 사이의 공간 자체가 팽창한다는 뜻입니다. 그럼 시간을 거꾸로 돌리면 어떻게 될까요? 우주가 굉장히 작은 부피에서 팽창하기 시작했다는 결론을 내릴 수밖에 없지 않을까요? 이처럼 우주가 팽창하기 시작한 사건을 **빅뱅**big bang이라고 하고, 그 이후부터 현재 우주까지의 역사를 설명하는 이론을 빅뱅 이론이라고 합니다. (빅뱅이 왜 일어났는지에 대해서는 의견이 분분합니다.)

우주 탄생 직후를 이곳에서 자세히 설명하기엔 논의가 필요 이상으로 복잡해질 것 같습니다. 여기선 빅뱅이 일어난 지 0.001초 지난 시점부터 설명하고자 합니다. 당시는 양성자, 중성자, 전자, 빛이 뒤범벅된 상태였습니다. 그리고 빅뱅 이후 0.001초부터 5분까지 양성자(수소 원자핵)와 중성자가 모여 헬륨과 약간의 리튬 원자핵을 형성하는 **원시 핵합성**primordial nucleosynthesis 반응이 일어났습니다.

빅뱅 이후 5분이 지난 시점의 우주는 온도가 너무 높아서 원자핵이 전자와 결합하지 못한 플라스마로 가득 차 있었습니다. 빛도 존재했지만 원자핵과 전자와의 빈번한 상호작용 때문에 자유롭게 돌아다니지 못하고 속박된 상태였지요.

그러다가 빅뱅이 일어난 지 38만 년이 지났을 때 우주의 온도가 3000켈빈(현재 태양 표면 온도의 절반. 켈빈은 절대 온도의 단위입니다)까지 떨어지면서 수소와 헬륨 원자핵이 전자와 결합했습니다. 이렇게 수소와 헬륨 원자(원자핵+전자)가 형성되면서 단위 부피당 입자 수가 순식간에 줄어들고 대부분의 입자가 중성이 되었습니다. 빛은 중성인 입자와는 상호작용을 잘 하지 않습니다. 빛을 가로막는 방해물이 사라진 겁니다!

이제 빛은 입자들과 거의 상호작용을 하지 않고 우주 곳곳으로 자유롭게 퍼져 나갑니다. 이처럼 빅뱅 이후 38만 년이 지난 시점에 우주 전역으로 흩어진 빛을 **우주 배경 복사**cosmic microwave background radiation, CMB라고 부릅니다. 지금도 마치 '배경'처럼 온 하늘에서 마이크로파 신호로 포착되기 때문에 우주 마이크로파 배경으로도 불립니다. 우주 탄생 초기를 엿볼 수 있는 빛이라서 빅뱅의 잔광이라고도 표현하지요. 초기 우주의 상태를 재구성하는 데 가장 중요한 데이터로 쓰입니다.

태초의 빛이 흩어진 뒤에 원자들의 밀도가 높은 영역에서 별이 탄생하고 별들이 모여 은하를 형성했습니다. 첫 번째 완전한 은하가 형성된 시점은 우주의 나이가 약 10억 년일 때로 추정됩니다. 그 후로는 우리가 아는 대로입니다. 우주 전역에서 별들이 세대를 거듭하며 원소를 순환시켰고, 결국 오늘날의 우주에 이르렀지요. 138억 년이라는 까마득한 역사를 이토록 정교하게 재구성할 수 있다니 놀라울 따름입니다.

암흑 성간운 dark nebula 빛을 발하는 성운과 달리 하늘에서 어둡게 관측되는 성운을 말합니다. 우주 먼지의 밀도가 높아서 뒤쪽에서 오는 가시광선을 흡수하기 때문에 어둡게 보입니다. 그래서 "하늘의 구멍"이라고도 불리지요.[6]

왜소 타원 은하 dwarf elliptical galaxy 약 10억 개 미만의 별로 이루어진 작은 타원 은하를 말합니다.

유체 fluid 형체가 일정하지 않고 힘을 받으면 쉽게 변형되는 액체, 기체, 플라스마를 통칭하는 용어입니다.

중력 렌즈 gravitational lens 먼 천체에서 오는 빛이 중간에 있는 거대한 천체의 중력 때문에 휘어지는 현상을 말합니다. 거대한 천체가 변형시킨 시공간의 굴곡(이것이 바로 중력의 정체입니다!)을 따라 빛이 이동한 것이지요. 마치 광선이 렌즈를 통과하며 휘는 것과 비슷합니다. 중력 렌즈 현상은 일반상대성이론의 강력한 증거 중 하나입니다.

퀘이사 quasar 은하 중심부에 위치한 블랙홀이 기체와 먼지를

회전시키면서 매우 밝은 빛을 내뿜는 현상을 말합니다. 원래는 별과 같은 천체인 줄 알았는데(그래서 준準항성 천체라고도 불렀습니다), 이제는 블랙홀이 일으키는 현상으로 보고 있습니다. 세이건은 이 열 번째 장에서 퀘이사의 정체에 대한 몇 가지 추측을 나열하고 있는데요. 이 중에서 다섯 번째 추측, 즉 성간 물질이 블랙홀로 떨어지면서 막대한 에너지를 방출하는 현상이라는 추측이 현재 정설로 받아들여지고 있습니다. 여기서 은하 중심부에 있는 블랙홀은 질량과 크기가 엄청나게 큰 **초거대질량 블랙홀**supermassive black hole로 추정됩니다. 세이건이 우리 은하의 중심부에 있으리라 추측한 거대 질량 블랙홀이 바로 초거대질량 블랙홀입니다.

11장

우리는 정보를 어떻게 유지하는가?

미래로 띄운 편지

우리는 늘 정보에 둘러싸여 있습니다. 잠에서 깨면 휴대폰에서 뉴스나 메시지를 확인합니다. 이어폰에서 흘러나오는 음악을 들으며 학교나 회사로 향하는 마음을 달랩니다. 학교나 회사에서 방대한 정보가 생산되고 전달되고 저장된다는 사실은 굳이 말씀드리지 않아도 될 겁니다. 집으로 돌아와 보는 영화 한 편도 수많은 시청각 정보가 결합된 산물입니다. 잠들기 전에 맞추는 알람도 마찬가지고요. 꼭 전자기기가 개입하지 않더라도 우리가 보고 듣고 말하고 느끼는 모든 것은 정보입니다.

『코스모스』열한 번째 장은 생명체와 인류가 정보를 유지하는 수단을 논의합니다. 바로 앞 장까지만 해도 우주의 기원을 이야기하다가 돌연 정보를 주제로 삼다니 좀 뜬금없게 느껴지지 않나요? 왜 갑자기 정보가 등장하는 걸까요?

세이건이 논의하는 정보는 문자 메시지에 담긴 단순한 의미의 정보보다 폭넓은 개념입니다. 모든 생명체가 삶을 지속하기 위해 처리하는 생물학적 의미의 정보까지 포함되어 있지요. 제2장에서 우리는 생명체를 프로그램에 비유한 적이 있습니다. 모든 생명 프로그램은 염기 서열이라는 언어로 작성되어 DNA에 담기고, 이렇게 저장된 유전 정보는 생명 활동을 관장하는 단백질 일꾼인 효소로 구현된다고 했지요.

정보는 유전 물질에만 담겨 있지 않습니다. 세이건의 말처럼 우리 머릿속에 자리한 1.5킬로그램짜리 덩어리인 뇌에도 방대한 양의 정보가 들어 있지요. 다만 유전 물질과 달리 염기 서열이 아니라 1280억 개의 신경 세포(뉴런) 사이를 오가는 전기 신호로 정보를 처리합니다.[1] 모든 신경 세포는 밤이건 낮이건 서로 쉴 새 없이 통신합니다.『코스모스』를 읽다가 머릿속에 떠오른 궁금증, 수수께끼를 해결하기 위해 이 책을 펼치기로 한 결심, 문장을 읽으며 받아들이는 시각 정보와 그 정보에 대한 기억, 다른 독자들에게 건네는 추천의 말. 이 모든 것이 신경 세포 사이의 대화로 이루어져 있습니다.

세이건이 세 번째로 언급하는 정보 유지 수단은 글과 책입니다. 인류가 글을 발명하면서 장기간 저장 가능한 정보량은 기하급수적으로 상승했습니다. 인쇄술의 탄생은 문자 정보의 대중화로 이어졌지요. 글과 책 덕분에 우리는 언제든 궁금할 때마다 과거와 현재의 정보에 접근할 수 있습니다.

세이건이 마지막으로 조명하는 수단은 전파 통신입니다. 해상 통신과 군사 신호 전송을 목적으로 발전한 전파 통신 기술은 1950년대부터 텔레비전 방송이 대규모로 보급됨에 따라 절정에 도달했습니다. 이제 지구는 항상 방송 형태로 송출된 전파 정보로 둘러싸여 있습니다. 그중 일부는 우주 공간으로 퍼져 나가지요. 유전자와 뇌, 책 속에 갇혀 있던 정보가 지구를 떠나기에 이른 겁니다.

요컨대 세이건에게 정보 유지는 생명과 문명 지속의 핵심입니다. 모든 생명 활동은 유전 물질에 담긴 정보를 바탕으로 이루어집니다. 많은 신경과학자에 따르면, 뇌의 핵심적인 기능은 점차 복잡하게 진화한 신체를 효율적으로 운영하는 것입니다. 이를 정보의 관점에서 다시 말할 수도 있겠습니다. 복잡해진 기관들이 주고받는 정보를 효율적으로 처리하는 것이라고요. 인류 문명의 지속성 여부는 도서관 기부 규모에 달려 있다는 언급에서도 세이건이 정보를 얼마나 중요하게 생각하는지가 드러납니다. 우주여행을 마치고 지구로 돌아온 세이건이 인류 문명을 다루며 정보를 언급하는 이유입니다.

뇌는 진보하지 않는다: 삼위일체 뇌 가설

세이건에게 뇌는 인간이 비인간에서 벗어나 문명을 건설하게 해 준 일등공신입니다. 세이건에 따르면 인간의 뇌는 생존을 담당하는 파충류 뇌부터 감정과 느낌을 담당하는 포유류 뇌 순서대로 내부에서 외부로 덧붙여지며 진화했습니다. 더 나아가 인간이 영장류였던 시기에 진화해 생각과 이성을 담당하게 된 대뇌피질은 "사람을 동물적 인간에서 해방시켜 인간을 '인간답게' 만든 주인공"이라고 그는 말합니다. 여러분도 '도마뱀 뇌' 또는 '생각을 담당하는 대뇌피질' 같은 표현을 들어 보셨을 겁니다.

이처럼 인간 뇌가 각기 다른 기능의 세 겹으로 이루어

져 있다는 개념은 삼위일체 뇌triune brain라고 불립니다. 삼위일체 뇌가 널리 알려진 것은 다름 아닌 세이건 덕분이었습니다. 퓰리처상을 받은 세이건의 저작 『에덴의 용』(임지원 옮김, 사이언스북스, 2006)에서 소개되면서 유명해졌지요. 하지만 오늘날 많은 신경과학자는 이를 잘못된 속설로 간주합니다. 신경과학자이자 심리학자인 리사 펠드먼 배럿은 심지어 "현대의 신화, 근거 없는 통념"이라고 말하지요.[2]

우선 삼위일체 뇌의 근거를 살펴볼 필요가 있습니다. 내과의사 폴 매클린은 20세기 중반 파충류, 포유류, 인간 뇌를 현미경으로 관찰해 삼위일체 뇌 가설을 공식화했습니다. 즉 외관상의 차이점이 근거였던 겁니다. 하지만 오늘날 뇌 진화를 연구하는 전문가들은 외관만이 아니라 신경 세포 내부의 유전자까지 자세히 조사할 수 있습니다. 유전자를 들여다본 과학자들은 파충류와 포유류가 인간과 동일한 종류의 신경 세포를 갖고 있다는 사실을 알게 되었습니다. 심지어 대뇌피질을 구성하는 신경 세포도 발견되었지요. 뇌는 파충류, 포유류, 영장류 순서대로 새로운 부위를 덧씌우며 진화한 것이 아니라는 뜻입니다.

뇌 구조 역시 삼위일체 뇌 가설이 말하는 것처럼 독립

적으로 나뉘어 있지 않습니다. 본능을 담당하는 R-영역(파충류 뇌), 감정을 일으키는 변연계(포유류 뇌), 이성적 사고를 관장하는 대뇌피질(영장류 뇌) 같은 구분은 허구라는 겁니다. 예를 들어 감정 반응이 나타나는 동안에는 변연계에 해당하는 부위뿐 아니라 대뇌피질에서도 활동이 일어납니다. 변연계 역시 순전히 감정만을 담당하지 않습니다. 일례로 해마라는 부위는 변연계의 일부로 간주되지만 사실 인지와 밀접하게 관련된 기억에 관여하는 핵심 영역입니다.[3]

그렇다면 대뇌피질의 존재를 바탕으로 인간을 차별화하려는 시도는 무색할 뿐입니다. 인간 뇌는 도마뱀이나 쥐의 뇌보다 '더' 진화한 것이 아니라 주변 환경에 적응하는 과정에서 '다르게' 진화했을 뿐입니다. 동물들의 뇌는 각자 생존을 위해 환경에 최적으로 적응한 결과일 따름입니다. 그곳에 우등과 열등 같은 판단이 들어설 여지는 없습니다.

용어 설명

"이게 도대체 무슨 뜻이에요?"

고생대 Paleozoic Era 5억 4100만 년 전부터 2억 5200만 년 전까지의 지질 시대를 말합니다. 동물이 폭발적으로 번성한 캄브리아기 대폭발이 바로 고생대에 속하는 첫 번째 하위 지질 시대인 캄브리아기에 일어났습니다.

중생대 Mesozoic Era 2억 5200만 년 전부터 6600만 년 전까지의 지질 시대를 말합니다. 공룡이 지상을 지배했고 조류와 포유류가 등장했다는 특징이 있습니다. 공룡이 갑자기 자취를 감춘 6600만 년 전부터 현재까지의 지질 시대는 **신생대** Cenozoic Era 라고 합니다.

초전도체 superconductor 특정한 온도 이하로 떨어지면 저항이 0이 되는 물질을 말합니다. 대부분 극저온 초고압 상태에서만 구현되기 때문에 아직 상용화되진 못했습니다. 상온과 상압(일반적인 온도와 압력)에서 작동하는 초전도체가 개발된다면 손실 없는 에너지 전달이 가능해지리라 기대하고 있습니다.

12장

우리는 혼자인가?

은하 대백과사전

우리는 듣고 있다
우리 너머의, 소리 너머의 소리를

불확실성의 방파제 속에서
등대를 찾는다
밝고 연약한, 나는 있어, 라는
그 전자의 속삭임을
— 다이앤 애커먼, 「우리는 듣고 있다」[1]

세이건은 여덟 살 무렵 만화책을 열심히 읽으면서 '다른 행성의 생명체'라는 개념을 알게 되었다고 합니다.[2] 다리가 여덟 개 달린 화성 괴물이 등장하는 것과 같은 과학 소설도 상상력에 불을 지폈습니다. 세이건은 외계 생명체를 찾고 싶다는 어린 시절의 꿈을 끝까지 간직한 것으로 보입니다. 실제로 자신의 전 생애를 통틀어 외계 생명체 연구에 몰두했거든요.

세이건의 박사학위 논문은 제4장에서 언급한 「금성의 복사 평형」을 비롯해 총 네 편으로 이루어져 있습니다. 나머지 논문의 제목은 「달의 토착 유기 물질」, 「달의 생물학적 오염」, 「금성 대기에서의 유기 분자 생성: 예비 보고서」입니다.[3] 제목만 봐도 외계 생명에 대한 연구라는 걸 짐작할 수 있겠지요? 금성과 화성에 탐사선을 보낼 때도, 인류의 메시지를 실은 골든 레코드를 보이저에 탑재할 때도, 세이건의 최대 관심사는 외계 생명이었습니다. 아마도 세이건이 가장 공들여 집필했을 『코스모스』 열두 번째 장은 외계 지적 생명체가 존재할 가능성과 그들의 신호를 포착할 수 있는 수단을 논의합니다.

"우리는 듣고 있다"
: 외계 지적 생명체 탐사, SETI

세이건이 박사학위 논문을 받을 때쯤 새로운 외계 생명체 탐사 방식이 수면 위로 떠올랐습니다. 1959년 9월 물리학자 주세페 코코니와 필립 모리슨은 『네이처』에 논문 한 편을 실었습니다. 그들은 그 논문에서 지구와 가까운 항성계의 지적 생명체가 송출하는 전파 신호를 전파 망원경으로 탐지할 수 있다고 주장했습니다. 논문에 감명을 받은 천문학자 프랭크 드레이크는 미국 웨스트버지니아주의 그린뱅크 천문대에서 거대한 접시 모양 안테나로 외계 전파 신호를 수신했습니다. 1960년 4월부터 7월까지 수행된 이 프로젝트는 오즈마 계획이라고 불리는데요. 안타깝게도 지적 생명체의 것으로 볼 만한 신호는 전혀 검출되지 않았습니다.

외계 지적 생명체 신호를 수신하기 위한 이와 같은 시도는 1961년 외계 지적 생명체 탐사Search for Extra-Terrestrial Intelligence, 줄여서 SETI(세티)라고 불리게 됩니다. 서두에서 인용한 것처럼, 시인 다이앤 애커먼은 SETI가 찾아 헤매는 전파 신호를 "소리 너머의 소리" "전자의 속삭임"이라고 우아하게 표현하기도 했습니다.

천문학자들은 SETI가 출범한 이후로 약 60년 동안 전자의 속삭임을 듣기 위해 부단히 노력했습니다. 세이건도 그 흐름에 직접 뛰어들었지요. 세이건이 귀를 기울인 곳은 푸에르토리코의 국제 공항에서 자동차로 하루 종일 달려야 하는 아레시보 천문대였습니다. 1975년 3월 드레이크와 함께 거대한 안테나를 특정 은하에 맞춰 100시간 동안 열심히 관측했지만, 돌아온 것은 침묵뿐이었습니다. 기대감이 얼마나 컸던지, 세이건은 아무런 외계 신호도 포착되지 않자 "우울증에 걸릴 지경"이었다고 토로했습니다.[4]

1985년 시작된 META(메타, 100만 채널 외계 분석Million-channel Extra-Terrestrial Array의 약자) 프로젝트의 결과도 마찬가지였습니다. 일정 기간 동안 망원경으로 특정한 항성계를 조준해야 했던 프로젝트와 달리, META는 전용 망원경을 사용해 하늘 전체를 몇 번이나 훑는다는 대범한 계획이었습니다. 의문의 신호가 몇 차례 관측되긴 했지만, 결국 외계 생명의 신호로 식별된 것은 없었습니다.

그렇다면 외계 문명의 신호를 탐지하려는 시도는 끝이 난 걸까요? 그렇지 않습니다. SETI의 명맥은 여전히 이어지고 있습니다. 우주에서 광자 돛을 펼쳐 레이저로 가속시킨다는 브레이크스루 스타샷 프로젝트, 기억하시나요? 해당 프로젝트에 거금을 지원한 유리 밀너는 SETI 과학자들에게도 후원을 약속했습니다. 2015년, 이름하여 브레이크스루 리슨이 시작된 겁니다.

브레이크스루 리슨은 인공지능을 사용한다는 점에서 기존 SETI와 차별됩니다. 인공지능에 인공 전파 신호를 학

습시켜 외계 생명의 것으로 보이는 신호만을 걸러 내도록
한 겁니다. 더 나아가 우리 은하 내부의 항성계가 아닌 외
부 은하까지 시선을 넓혔습니다. 수년간 전파 망원경을 가
동해 외부 은하의 신호를 기다린 결과는 어땠을까요? 인공
지능으로 거른 신호를 하나하나 분석한 결과는 부정적이
었습니다. 유효한 것으로 보였던 신호들은 전부 지구의 인
공위성이 발송한 신호가 대기권에서 산란된 것이었습니
다.[5] 인류는 여전히 우주적 고독에서 벗어나지 못한 상태
입니다. 세이건이 어린 시절 품었던 꿈은 아직 꿈에 머물고
있습니다.

모두 어디에 있는가?: 페르미 역설

전자의 속삭임 청취를 가로막는 '불확실성의 방파제'는 너
무도 높았습니다. SETI가 시작된 지 60여 년이 흘렀지만,
우리는 아직 아무런 목소리도 듣지 못했습니다. 하지만 우
주의 광막함을 떠올리면 분명 어딘가에 우리와 같은 (혹은
우리를 뛰어넘는) 기술 수준을 달성한 지적 생명체가 존재
할 것처럼 느껴집니다. 만일 우리 은하에 높은 수준의 기술
문명이 존재한다면, 왜 우리는 아직 외계 지적 생명체 존재
의 증거를 확보하지 못한 걸까요?

이러한 문제 제기를 페르미 역설이라고 부릅니다. 물리학자 엔리코 페르미가 동료들과 점심을 먹다가 "모두들 어디 있을까?"라고 물었던 일화에서 유래했다고 합니다. 세이건은 몇 가지 가능성에 대해 논의합니다. 우리가 유일한 지적 생명체라는 것. 다른 항성계들을 식민지화하는 데 걸리는 시간을 고려하면 아직 지구에 도착할 때가 되지 않았다는 것. 기술이 발전하다 보면 필연적으로 종말에 이르기 때문에 신호를 보내거나 인류를 방문할 수가 없다는 것. 『코스모스』 제12장을 읽어 보면 세이건은 두 번째 전망을 믿는 것처럼 보이지만, 마지막 비관적인 가능성 역시 진지하게 고려했습니다. 이에 대해서는 다음 장에서 더 자세히 살펴보겠습니다.

당연하게도 페르미 역설의 답은 아무도 모릅니다. 하지만 인류의 미래와 관련되어 있다는 점에서 곱씹어 볼 필요가 있습니다. 만일 페르미 역설의 답이 문명의 붕괴라면, 우리 또한 언젠가 종말을 맞는다는 뜻이 아닐까요? 세이건이 우려하던 핵전쟁에서 오늘날 가속된 기후 위기까지, 우리는 실제로 다양한 위협에 둘러싸여 있습니다. 혹자는 이러한 위기를 벗어날 방법이 우주 식민화를 통한 추가적인 영역 확장이라고 주장합니다. 세이건의 두 번째 가능성과

맞닿아 있는 견해이지요. 여러분은 어떻게 생각하시나요?

천체물리학자 아메데오 발비는 페르미 역설이 '무한한 확장과 멸종 사이의 제3의 길'을 제시한 것으로 보자고 촉구합니다.[6] 고도로 발전한 외계 문명은 다른 세계로 확장하느라 아직 지구에 도착하지 않은 것도, 필연적인 종말을 맞는 것도 아니라, 탐욕적 야망을 절제하고 기후 위기를 최소화할 방법을 찾아낸 문명일 수 있다는 겁니다. 그들은 그들이 태어난 보금자리에서 사는 것만으로 충분하기 때문에 굳이 다른 행성의 문을 두드릴 필요가 없습니다. 여러분은 페르미 역설에서 어떤 미래상을 길어 올리고 싶으신가요?

변조파 modulated wave   어떤 파동에 우리가 전달하려 하는 신호를 첨가하는 과정을 **변조** modulation라고 부릅니다. 변조파는 그러한 변조 과정을 거친 파동 신호를 말합니다.

아레시보 전파 천문대 Arecibo Radio Observatory   푸에르토리코에 설치된 지름 305미터 대형 전파 망원경입니다. 1963년 완공된 후로 전파천문학 연구와 SETI에 사용되었습니다. 세이건도 언급하듯 1974년 인류와 지구의 정보를 담은 '아레시보 메시지'를 외계로 송출한 것으로 유명합니다. 아쉽게도 아레시보 전파 천문대는 노후한 끝에 수리가 불가능할 정도로 파손되어 2022년부로 가동이 중단되었습니다.

전파천문학 radio astronomy   우주에 있는 천체들은 다양한 범위의 빛을 방출하기 때문에 어떤 망원경으로 관측하느냐에 따라 모습이 굉장히 달라집니다. 예를 들어 똑같은 천체라고 해도 가시광선 망원경으로 관측한 모습과 전파 망원경으로 관측한

모습이 매우 다르지요. 전파천문학은 전파 망원경으로 관측한
자료를 분석하고 연구하는 천문학의 한 분야를 말합니다.

13장

과학을 왜 알아야 하는가?

누가 우리 지구를 대변해 줄까?

과학을 왜 알아야 할까요? 한국에서 과학은 의무 교육 과목입니다. 초등학교부터 고등학교 1학년 통합과학까지, 무려 10년 동안 상당히 폭넓은 분야에 대해 배우지요. 얼핏 생각하면 자연스럽게 느껴질지 모르겠지만, 뭔가를 10년 동안 내리 강제로 가르친다는 건 엄청난 일입니다. 모든 학생에게 일찍부터 과학을 가르치려면 얼마나 많은 자원이 필요할지 생각해 보세요. 게다가 학생들이 전부 과학 종사자가 되는 것도 아닌데 말입니다.

사실은 과학을 몰라도 사는 데 아무런 지장이 없어 보입니다. 예를 들어 항성과 행성을 구분할 줄 모른다거나 물의 분자식이 H_2O라는 걸 모른다고 한들 큰일이 나진 않습니다. 과학 지식 자체보다는 '과학적 사고'에 중점을 두는 의견도 있습니다. 과학적 사고를 정의하는 방식은 다양하지만, 종합하면 어떤 믿음에 의문을 던지고, 경험적 증거에 기반해 문제를 분석하고, 논리적인 과정을 통해 결론을 도출하는 능력을 말합니다. 이러한 능력은 '과학적 소양'scientific literacy이라는 말로 표현되기도 합니다.

세이건의 답변은 어떨까요? 세이건 역시 대중의 과학적 사고 함양을 강조한다는 점에서 앞선 견해와 크게 다르지 않지만, 한 가지 독특한 측면이 있습니다. 세이건의 관점은 흥미롭게도 핵전쟁과 밀접한 관련이 있습니다.

핵전쟁과 인류의 종말: 핵겨울

세이건이 앞 장에서 외계 지적 생명체를 논의하며 언급한 내용 중에 드레이크 방정식이란 것이 있습니다. 우리 은하에서 전파 신호로 성간 통신을 할 수 있는 외계 문명의 수를 추정하는 방정식이지요. 방정식에 포함된 인자는 우리 은하에 존재하는 별의 수, 생명이 거주할 만한 행성의 수, 전파 통신 능력을 갖춘 지적 생명체의 비율 등 총 일곱 가지입니다. 『코스모스』 마지막 장의 주제는 드레이크 방정식의 마지막 인자에 대한 것이라고 볼 수 있습니다. 성간 통신이 가능한 문명의 평균 수명, 즉 고도로 발전한 문명의 멸망 가능성입니다.

세이건이 『코스모스』를 집필할 당시는 냉전 말기, 핵전쟁의 위험이 사그라들지 않은 때였습니다. 세이건은 핵전쟁에 의한 인류의 종말 시나리오를 진지하게 우려했습니다. 코스모스 다음 프로젝트로 『핵』Nucleus이라는 텔레비전 다큐멘터리 시리즈를 제작하려 했을 정도였지요. 미국과 소련의 핵 군비 경쟁으로 세상이 얼마나 불확실해졌는지를 알리는 것이 주된 목적이었다고 합니다. 다큐멘터리 제작 프로젝트는 상당 부분 진척되었지만, 1983년 대한항공 여객기 007편이 소련 영공에서 격추되는 사건이 발생하면서 중단되고 말았습니다. 미국과 소련의 긴장이 절정에 이른 상황에서 양측의 군비 경쟁, 특히 미국을 비판하는 텔레비전 시리즈는 중단될 수밖에 없었던 겁니다.

세이건이 핵전쟁과 관련해 특히 관심을 기울인 것은 핵겨울입니다. 1983년 12월 세이건은 동료들과 함께 「핵겨울: 연달은 핵폭발의 전 지구적 결과」라는 논문을 발표했습니다.[1] 논문 저자들은 지구를 수학적으로 단순화한 모델을 사용했습니다. 다시 말해, 실제 지구처럼 땅과 바다가 복잡하게 분포한 행성이 아니라 오직 땅이나 바다로 뒤덮인 행성을 가정했던 겁니다. 그런 행성에서 핵전쟁이 초래할 연기와 먼지의 추정치를 입력하고 어떤 일이 일어나는지 살펴보았습니다.

논문의 주된 결론은 연기와 먼지가 지구의 천연 온실 효과를 손상해 지구를 영하까지 냉각시킬 수 있다는 것입니다. 말 그대로 겨울이 찾아오는 겁니다. 지구 온난화 때문에 온실 효과에는 흔히 부정적인 꼬리표가 따라붙지만, 사실 지구가 지금처럼 따뜻한 기온을 유지하는 것은 천연 온실 효과 덕분입니다. 온실 효과가 정도 이상으로 상쇄되면 평균 기온이 급격히 떨어져 얼음 행성이 될 수도 있습니다.[2]

핵겨울은 과학인가 아닌가?: 핵겨울 논쟁

세이건은 핵겨울 개념을 학계 내부에서만 논의하지 않고 대중에게 널리 알리길 원했습니다. 앞서 말했듯 『핵』TV 시리즈 제작을 추진했고, 전 세계를 돌아다니며 국가 수뇌부를 만나 핵전쟁의 장기적 파괴에 대해 설명했습니다. 『코스모스』 마지막 장도 그러한 노력의 일환입니다. 핵겨울이란 용어를 직접 언급하진 않지만, 핵전쟁이 초래할 끔찍한 결과를 논의하면서 그 위험성을 알리고 있지요. 핵겨울의 종말론적 예측은 수많은 대중과 언론의 주목을 받았습니다.

하지만 핵겨울 논문은 발표 직후 과학계 내부에서 여러 비판에 처했습니다. 비판은 크게 두 가지였습니다. 연기와 먼지 추정치가 확실하지 않다는 것과 지구를 단순화한 모델이 실제와 얼마나 가까운지 확신하기 어렵다는 것이었지요. 1986년 기후과학자 스탈리 톰슨과 스티븐 슈나이더가 새로운 모델을 사용해 완전히 다른 예측을 내놓으면서 비판의 목소리는 과학계 외부로도 퍼져 나갔습니다. 핵겨울 논문이 예측한 냉각 수준보다 3분의 1이나 줄어든 결과를 제시했던 겁니다. 두 기후과학자는 그러한 결과를 고려했을 때 핵겨울이 아닌 '핵가을'로 부르는 것이 적합하다고 보았습니다.

언론은 불완전한 것으로 보이는 핵겨울 논문을 거세게 공격했습니다. 시사 주간지 『내셔널 리뷰』는 핵겨울이 "과학적 거짓말이자 처음부터 사기"였다며 비난했고, 『월스트리트 저널』은 「죽음의 원인: 악명이 자자한 과학적 진실성 결핍」이라는 제목의 핵겨울 '부고' 기사를 실었습니다. 대중 또한 핵겨울 논문의 예측이 '틀린' 것에 안도하는 반응이었다고 합니다.

하지만 애당초 핵겨울 논문 저자들은 연구가 불확실할 수밖에 없다는 점을 인정했습니다. 그들은 논문에서 다음과 같이 말합니다. "핵전쟁의 물리적, 화학적 영향에 대한 추정치는 불확실할 수밖에 없다. 우리가 1차원 모델(대기를 3차원이 아니라 1차원으로 단순화한 모델)을 사용했기 때문이고, 데이터가 완전하지 않기 때문이며, 실험적 탐구를 수행하는 것이 어렵기 때문이다. (……) 그럼에도 일차적 영향이 대단히 크고 결론이 시사하는 바가 너무 심각하므로 우리는 여기서 제기된 과학적 문제가 활발하고 비판적으로 검토되길 바란다."[3] 저자들은 훗날 새로운 추정치로 보완한 두 번째 논문을 발표하기도 했습니다. 이처럼 핵겨울 논문은 완벽하지 않았습니다. 하지만 세이건은 문제의 특성상 불확실함을 껴안고 행동에 나설 수밖에 없다고 믿었습니다. 핵겨울의 불확실성이 줄어들기 전에 핵전쟁이 일어날 수 있다고 보았기 때문입니다.

불확실함을 포용하는 과학

오늘날 우리는 핵겨울 논쟁을 어떻게 바라봐야 할까요? 앞서 살펴본 언론과 대중의 반응에서 우리는 공통점을 발견할 수 있습니다. 과학에는 반드시 확실한 답이 있다는 생각, 그렇지 않은 건 과학이 아니라는 생각입니다. 이러한 관점에 따르면 핵겨울 논문은 지구의 냉각 정도를 잘못 제시한 틀린 과학이자, 심지어는 논문 저자의 신념을 과학으로 포장한 과학적 사기입니다. 그들이 생각하는 과학에는 불확실성이 들어설 여지가 전혀 없습니다.

사람들은 흔히 과학은 언제나 객관적이며 옳은 답을 내놓는다고 생각합니다. 과학에 의문을 던지면 불합리하고 비이성적이라는 딱지가 붙습니다. 하지만 오늘날 과학이 소환되는 무대에는 불확실함이 도사릴 때가 많습니다. 특히 사회적 재난이 그렇습니다. 천안함 피격 사건, 세월호 참사, 이태원 참사, 후쿠시마 오염수 방류가 논의된 공간에는 빠짐없이 과학이 호명되었습니다. 그렇지만 기대한 만큼 과학이 깔끔한 결론을 내려 주는 경우는 드뭅니다. 예를 들어 2018년 세월호 선체조사위원회 종합보고서가 내인설과 열린 안(외부 충돌설) 두 권으로 나뉘어 공개된 것은 사회적 재난의 원인을 과학으로 확실하게 매듭짓기가 매우 어렵다는 증거입니다.

환경사회학자 박진영은 가습기 살균제 참사에 연루된 과학을 분석한 저서 『재난에 맞서는 과학』(민음사,

2023)에서 '과학의 확실성'이라는 관념이 피해 상황 파악과 해결책 제시에 얼마나 큰 방해물로 작용했는지 보여 줍니다. 피해자들의 증상이 처음 알려졌을 때, 질병의 원인과 경향성을 연구하는 역학자들은 증상과 가습기 살균제 사이에 높은 상관관계가 있음을 보였습니다. 하지만 일부 다른 분야 전문가들과 정책 결정자들이 보기에 역학 조사 결과는 가습기 살균제가 원인임을 '추정'하는 수준에 불과했습니다. 이처럼 시급한 상황에서 과학에 더 높은 확실성을 요구하는 동안 제품은 꾸준히 팔렸습니다. 훗날 사건이 가해자들의 책임을 묻는 법적 소송으로 이어졌을 때도 과학의 확실성이 발목을 잡았습니다. 상관관계가 아무리 높더라도 인과관계로 볼 수 없다는 믿음 때문이었지요. 가습기 살균제 재판은 여전히 진행 중입니다. 참사는 1990년대 중반에 시작되었지만 가해자들의 책임을 아직도 묻지 못하고 있습니다.

저는 우리가 과학에 관심을 가져야 하는 이유가 바로 여기에 있다고 생각합니다. 사회적 재난이 일상화된 오늘날, 우리는 언제나 예측 불가능한 재난의 위험에 노출되어 있습니다. 그리고 그 위험은 많은 경우 과학과 뒤얽혀 있습니다. 앞으로 어떤 재난이 닥칠지 모르는 상황에서 과학의 특성과 과학이 만들어지는 과정을 파악하는 일은 무엇보다 중요합니다. 완전무결한 과학이라는 허황된 상을 추구하는 동안 피해자를 구제할 골든타임을 놓치게 될 수 있으니까요.

우리가 학교에서 배우는 과학, 과학 교양 도서에서 읽는 과학은 대부분 '확실한 답이 있는 과학'입니다. 항성과 행성을 날카롭게 구분하고, 물이 H_2O라는 답을 제시합니다. 이렇게 과학에는 언제나 딱 떨어지는 답이 있다는 메시지를 계속 받다 보면 자칫 과학은 늘 확실하다는 관념을 갖기 쉽습니다. 그러나 핵겨울과 사회적 재난에서 드러나듯 세상에는 불확실한 과학도 많습니다. 부디 그러지 않길 바라지만, 앞으로도 사회적 재난은 일어날 수 있습니다. 그때 우리는 과학과 어떤 관계를 맺어야 할까요? 그 관계를 바탕으로 어떤 목소리를 낼 수 있을까요? 용어의 정의를 암기하고 논리적 결론을 도출하는 것도 중요하지만, 이 시대에 필요한 과학 교육은 과학에 내재한 불확실성이라는 특성과 과학 지식이 만들어지는 과정을 전달하는 것까지 포함해야 한다고 믿습니다.

『코스모스』 밖에서 다시 생각하는 과학

국내외를 막론하고 『코스모스』는 과학책 세계에서 고전의 지위를 누리고 있는 것으로 보입니다. 그런데, 어떤 책이 고전인 걸까요? 고전은 흔히 '세대를 거듭하며 읽히는 훌륭한 책' 정도로 여겨지곤 하지만, 이를 기준으로 삼기엔 너무 모호합니다. 사실 고전의 명확한 기준보다 더 중요한 점이 있습니다. 고전이라는 명칭은 책 자체보다 그 책을 고전이라고 부르는 우리에 대해 더 많은 것을 알려 준다는 것입니다. 과학 자체와 과학사에 대한 세이건의 견해가 오늘날도 널리 퍼져 있는 지배적인 관점이라는 건 우연이 아닐 겁니다.

지금까지 살펴본 것처럼 세이건의 관점은 편향된 면이 있습니다. 세이건의 문학적 필체와 다양한 분야를 넘나드는 박학함은 여전히 우리에게 울림을 주지만, 그렇다고 해서 저자의 생각을 그대로 받아들일 필요는 없습니다. 우리에게는 저자를 딛고 올라서서 다른 각도에서 세상을 조망할 권리가 있습니다. 세이건 본인의 말처럼 "책에 담긴 정보는 (……) 다양한 사건을 겪으며 수정되고 세상에 맞도록 적응"하기 마련입니다. 그렇다면 『코스모스』에 담긴 모든 정보와 관점 또한 변할 수 있거나 다르게 해석할 여지가 있습니다. 물론 다른 과학책들도 마찬가지입니다.

　우리가 고전이라고 부르는 책들이 고전으로 남은 것은 독자들이 그 책에 마냥 동조하기보다는 끊임없이 충돌하고 다투며 새롭게 해석한 덕분이라고 생각합니다. 『코스모스』가 과학책의 고전이라면, 혹은 앞으로 고전으로 남게 된다면, 그것은 책에 담긴 저자의 견해를 다양한 관점에서 조망하고 비판하고 새롭게 해석할 수 있어야 한다는 의미에서의 고전이어야 합니다.

"이게 도대체 무슨 뜻이에요?"

낙진fallout 핵폭발이 일어나면 방사성 물질이 대기권 상층으로 퍼져 머물게 됩니다. 이때 흩어진 방사성 물질이 지상으로 떨어지는 것을 낙진이라고 합니다. 이 낙진 물질은 생명체의 몸속에서 붕괴하면서 방사선을 방출하는데, 이로 인해 암에 걸리거나 세포가 손상될 수 있습니다.

외삽extrapolation 과학 책에서 종종 등장하는 개념입니다. 관찰 범위(관측 데이터의 범위)를 넘어선 값을 추정하는 기법을 말합니다. 보외법이라고 부르기도 합니다.

원인猿人 고인류학자들은 인간 선조가 현대 침팬지와의 공통 조상에서 갈라진 뒤 '사람' 쪽에 속한 모든 종을 **호미닌**hominin 이라고 부릅니다. 널리 알려진 오스트랄로피테쿠스 아프리카누스, 호모 네안데르탈렌시스, 호모 사피엔스 같은 종이 전부 호미닌에 속합니다. 그리고 사람 계통을 포함한 모든 현생·멸종 대형 유인원을 통틀어 **호미니드**hominid라고 부릅니다. 대형

유인원으로는 사람, 침팬지, 고릴라, 오랑우탄 등이 있습니다. 『코스모스』에서는 호미니드를 지칭하기 위해 '원인'猿人이라는 번역어를 사용하는데요. 사실 원인은 호미니드가 아니라 호미닌의 일부를 가리키는 용어입니다. 호미닌에 속하는 모든 사람 계통을 시기에 따라 크게 원인猿人, 원인原人, 구인舊人, 신인新人으로 나누거든요. 개념을 구분하기가 좀 복잡하긴 하지만, 다음처럼 정리하면 될 것 같습니다. 호미니드가 호미닌을 포함하는 더 넓은 개념이고, 편의에 따라 호미닌을 네 종류로 나눌 때가 있다고요.

들어가는 말

1 Carl Sagan, introduction by Ann Druyan, foreword by Neil deGrasse Tyson, *Cosmos* (Ballantine Books, 2013), xix.

2 윌리엄 파운드스톤 지음, 안인희 옮김, 『칼 세이건』 (동녘사이언스, 2007), 459쪽.

3 https://www.detpress.com/natgeo/pressrelease/cosmos-possible-worlds-by-ann-druyan/

1장 우리는 어디에 있는가? — 코스모스의 바닷가에서

1 모래알로 별의 수를 추정하는 내용은 천문학자 제프리 베넷의 천문학 교과서를 참고했습니다. Jeffrey Bennett et al. (2023) *The Cosmic Perspective* 10th edition. Pearson. p. 10.

2 Neil deGrasse Tyson. "The Cosmic Perspective." April 2007. Natural History Magazine.

3 일론 머스크, 엑스(옛 트위터) 게시글, 2024년 3월 15일 오후 4시 6분.

4 Dave Mosher. "Jeff Bezos Just Gave a Private Talk in New York." 2019. 2. 24. *Business Insider*.

5 "NASA's Griffin: 'Humans Will Colonize the Solar System'." 2005. 9. 24. *The Washington Post*.

6 케이트 크로퍼드, 노승영 옮김, 『AI 지도책』(소소의책, 2022), 276쪽.

7   Loren Grush. "The Biggest Lingering Questions about SpaceX's Mars Colonization Plans." 2016. 9. 29. *The Verge*.

8   Nadia Drake. "We Need to Change the Way We Talk about Space Exploration." 2018. 11. 10. *National Geographic*.

9   이강환 지음, 『우주의 끝을 찾아서』(현암사, 2014), 330쪽.

10   Irene Klotz. "Universe's Largest Structure is a Cosmic Conundrum." 2013. 11. 19. Space.com.

11   https://exoplanetarchive.ipac.caltech.edu/docs/counts_detail.html

2장 우리는 누구인가? — 우주 생명의 푸가

1   제리 코인, 김명남 옮김, 『지울 수 없는 흔적』(을유문화사, 2011), 278쪽.

2   생명체의 유전 현상을 컴퓨터 프로그램에 비유하는 내용은 다음을 참고했습니다. 이대한, 『인간은 왜 인간이고 초파리는 왜 초파리인가』(바다출판사, 2023), 10~30쪽.

3   원시 수프 가설에 대한 비판은 다음 책을 참고했습니다. 닉 레인, 김정은 옮김, 『생명의 도약』(글항아리, 2011), 29~34쪽.

4   케빈 피터 핸드, 조은영 옮김, 『우주의 바다로 간다면』(해나무, 2022), 230~238쪽.

5   https://www.jpl.nasa.gov/robotics-at-jpl/eels/

6   Lisa A. Urry et al., *Campbell Biology* 12th edition. Pearson. 2021. p. 327.

7   DNA를 책에 비유한 내용은 다음을 참고했습니다. 리처드

도킨스, 홍영남, 이상임 옮김, 『이기적 유전자―40주년 기념판』
(을유문화사, 2016), 80~90쪽.

8   *Campbell Biology* 12th edition. p. 327.

3장 과학이란 무엇인가? ― 지상과 천상의 하모니

1   신광복, 천현득, 『과학이란 무엇인가』(생각의힘, 2015),
41~42쪽.

2   Daniel A. Di Liscia. "Johannes Kepler." *The Stanford
Encyclopedia of Philosophy* (Fall 2025 Edition). Edward N. Zalta
& Uri Nodelman (eds.).

3   John Henry. "Newton, the Sensorium of God, and the Cause
of Gravity." *Science in Context* 33(3) 2020: pp. 329~351.

4   Paul R. Thagard. "Why Astrology Is a Pseudoscience." *PSA:
Proceedings of the Biennial Meeting of the Philosophy of Science
Association*, vol. 1978 (1978): pp. 223~234. 새가드의 논의는
다음 책에도 잘 정리되어 있습니다. 『과학이란 무엇인가』,
84~92쪽.

4장 지구는 영원한가? ― 천국과 지옥

1   아메데오 발비, 장윤주 옮김, 『당신은 화성으로 떠날 수 없다』
(북인어박스, 2024), 40쪽.

2   운석 충돌의 빈도에 대한 내용 역시 『당신은 화성으로 떠날 수
없다』 43~45쪽을 참고했습니다.

3   Carl Sagan, "The Radiation Balance of Venus." Pasadena: *Jet
Propulsion Laboratory Technical Report* No. pp. 32~34.

5장 지구를 떠날 수 있는가? — 붉은 행성을 위한 블루스

1   Carl Sagan. "The Planet Venus." *Science* 133: pp. 849~858;
     "Planetary Engineering on Mars." *Icarus* 20(4): pp. 513~514.

2   Erika Nesvold. *Off-Earth: Ethical Questions and Quandaries for
     Living in Outer Space*. The MIT Press. 2023. p. 103.

3   『당신은 화성으로 떠날 수 없다』, 141쪽.

4   화성 테라포밍 낙관론에 대한 비판은 앞의 책 98~174쪽을
     참고했습니다.

5   *Off-Earth*. pp. 102~105.

6   *Off-Earth*. p. 105.

6장 과학은 어떻게 발전하는가? — 여행자가 들려준 이야기

1   "Voyager 1 approaches one light day from Earth." *New Atlas*
     (2025. 11. 23)

2   타이탄에 대해서는 다음 문헌들을 참고했습니다. *The Cosmic
     Perspective*, pp. 334~337;『우주의 바다로 간다면』, 162~179쪽;
     https://science.nasa.gov/saturn/moons/titan/exploration/

3   빛보다 빠른 중성미자 사례와 과학적 독단성 사이의 관계는
     다음 책을 참고했습니다. 장하석,『장하석의 과학, 철학을
     만나다』(지식플러스, 2014), 35~36쪽.

4   양자장 이론에 대해 더 알고 싶다면, 좀 어려울 수 있지만
     물리학자 매트 스트래슬러의『불가능한 바다의 파도』(김영태
     옮김, 에이도스, 2025)를 권합니다.

7장 과학은 어디서 왔는가? — 밤하늘의 등뼈

1 David Pingree, "Hellenophilia versus the History of Science,"
 Isis 83(4) 1992, pp. 554~563.

2 바빌로니아와 이집트의 과학 활동은 다음 책에 잘 정리되어
 있습니다. 데이비드 C. 린드버그, 이종흡 옮김,『서양과학의
 기원들』(나남, 2009), 40~50쪽.

3 『소크라테스 이전 철학자들의 단편 선집』(김인곤 외 옮김,
 아카넷, 2005)을 참고해 다듬었습니다.

4 Benjamin Farrington. *Greek Science: Its Meaning for Us, Volume 1:
 Thales to Aristotle.* Penguin Books. 1949/1961. p. 55.

5 D. J. Furley. 1957. "Empedocles and the Clepsydra." *The Journal
 of Hellenic Studies* 77: pp. 31~34.

6 김영식, "중국과학에서의 Why not 질문: 과학혁명과
 중국전통과학",『프리즘: 역사로 과학 읽기』(박민아, 김영식 편,
 서울대학교출판부, 2007).

7 『서양과학의 기원들』, 24쪽.

8장 태양계를 벗어날 수 있을까? — 시간과 공간을 가르는 여행

1 『당신은 화성으로 떠날 수 없다』, 19쪽.

2 앞의 책, 209~215쪽.

3 웜홀과 워프 드라이브 역시 앞의 책 225~228쪽을
 참고했습니다.

4 미겔 알큐비에레의 트위터(현 엑스) 게시글, 2013년 7월 29일
 자. https://x.com/malcubierre/status/362011821277839360

5 『당신은 화성으로 떠날 수 없다』, 228쪽.

9장 우리는 어디서 왔는가? — 별들의 삶과 죽음

1   이어지는 별의 생애에 관한 전반적인 설명은 다음 교과서를 참고했습니다. *The Cosmic Perspective* 10th edition.

10장 과학은 어디까지 알고 있는가? — 영원의 벼랑 끝

1   유발 하라리, 조현욱 옮김, 『사피엔스—출간 10주년 기념 특별판』(김영사, 2023), 30쪽.

2   David Christian. 2005. *Maps of Time: An Introduction to Big History*. University of California Press. p. 23.

3   Niayesh Afshordi, Phil Halper. 2025. *Battle of the Big Bang: The New Tales of Our Cosmic Origins*. University of Chicago Press. pp. ix ~ x.

4   K. Annabelle Smith. "Carrots Can't Help You See in the Dark. Here's How a World War II Propaganda Campaign Popularized the Myth." *Smithsonian Magazine* (2025. 4. 2)

5   Richard Dawkins. "Afterword" in Lawrence M. Karuss. 2012. *A Universe from Nothing: Why Therre is Something Rather Than Nothing*. New York: Simon and Schuster. p. 189.

6   https://science.nasa.gov/missions/hubble/hubble-images-dark-nebula-cloaking-stars-within-dusty-depths/

11장 우리는 정보를 어떻게 유지하는가? — 미래로 띄운 편지

1   신경 세포의 개수는 세는 방법에 따라 860억 개로 언급되기도 합니다. 1280억 개라는 추정치는 다음을 참고했습니다. 리사 펠드먼 배럿, 변지영 옮김, 『이토록 뜻밖의 뇌과학』(더퀘스트,

2021), 204~205쪽.

2   『이토록 뜻밖의 뇌과학』, 50쪽.

3   Patrick R. Steffen, Dawson Hedges, Rebekka Matheson. (2022)
     "The Brain Is Adaptive Not Triune: How the Brain Responds
     to Threat, Challenge, and Change." *Frontiers in Psychiatry*
     13:802606.

12장 우리는 혼자인가? — 은하 대백과사전

1   Diane Ackerman. 1991. "We Are Listening" in *Jaguar of Sweet
     Laughter: New & Selected Poems*. Random House. pp. 6~7.

2   『칼 세이건』, 27~28쪽.

3   Sagan. "Indigenous Organic Matter on the Moo." *Proceedings
     of the National Academy of Sciences* 46: pp. 393~396; "Biological
     Contamination of the Moon." *Proceedings of the National
     Academy of Sciences* 47: pp. 396~402; "Production of Organic
     Molecules in Planetary Atmosphere: A Preliminary Report."
     The Astronomical Journal 65: p. 499.

4   『칼 세이건』, 333~335쪽. 세이건의 말은 원문을 참고하여 새로
     번역하였습니다.

5   브레이크스루 리슨에 대한 내용은 다음 글을 참고했습니다.
     지웅배, 「'브레이크스루 리슨'마저…… 외계 문명은 정말 없는
     걸까」(비즈한국, 2024. 1. 22.)

6   『당신은 화성으로 떠날 수 없다』, 240~243쪽.

**13장 과학을 왜 알아야 하는가? — 누가 우리 지구를 대변해
줄까?**

1   R. P. Turco, O. B. Toon, T. P. Ackerman, J. B. Pollack, Carl
     Sagan. "Nuclear Winter: Global Consequences of Multiple
     Nuclear Explosions." *Science* 222: pp. 1283~1290.

2   핵겨울에 대한 내용은 다음을 참고했습니다. 『칼 세이건』,
     527~530쪽.

3   "Nuclear Winter: Global Consequences of Multiple Nuclear
     Explosions." p. 1290.

코스모스 읽는 법

: 끝까지 읽도록 돕는 과학책 번역가의 친절한 가이드

2026년 4월 4일 초판 1쇄 발행

지은이
박초월

펴낸이
조성웅

펴낸곳
도서출판 유유

등록
제406-2010-000032호 (2010년 4월 2일)

주소
경기도 파주시 돌곶이길 180-38, 2층 (우편번호 10881)

전화
031-946-6869

팩스
0303-3444-4645

홈페이지
uupress.co.kr

전자우편
uupress@gmail.com

페이스북
facebook.com
/uupress

트위터
twitter.com
/uu_press

인스타그램
instagram.com
/uupress

편집
인수, 이경민

디자인
이기준

조판
정은정

마케팅
전민영

일러스트
박수지

제작
제이오

인쇄
(주)민언프린텍

제책
다온프린텍

물류
책과일터

ISBN 979-11-6770-152-7 03440